李计忠解《周易》系列

易界名家 独门首传

生活求品質 居家有講究

李计忠 著

下册

UNITY PRESS 團结出版社

第九章　家居厨房的环境布局

民以食为天，食物提供给人类生存所必需的能量。

厨房是生产、制造食物，进而生旺家人运气的重要场所，会对家人的健康、财运、婚姻关系，以致亲情是否融洽产生直接影响。

在家宅风水中，厨房风水对家主人的健康与疾病会产生重大影响。

炉灶五行属火，是力量非常强大的火五行，所以，厨房的方位与格局会对家人命理火土两种五行的平衡与失衡产生极大影响。这种影响可能为吉，也可能为凶，最好由专业的命理风水师来进行细致的分析才能做出正确的厨房风水设计。

第一节　厨房格局禁忌

就居家而言，要想一家人常享口福之乐，安康永在，不仅与食品本身的色、香、味及营养有关，更取决于烹饪食品的场所——厨房。因此，厨房的格局也就有了颇多讲究。

一、厨房不宜设在住宅中央

住宅中央往往是通往各个功能区间必经的地方，如果将厨房设在此处，人员的往来走动很不利于饮食卫生。

此外，厨房必然会产生一定的油烟和污秽，处在住宅中央势必会对环绕它的整个居室造成一定的污染，给卫生清扫带来很大的麻烦。

　　而且，传统观念认为，住宅的中央是一座住宅的重心所在，应该保持清洁，不宜浑浊杂乱，如果厨房设置在住宅中央会污染这个最吉利的地方，从而导致家运不顺。

二、厨房不宜与卫浴间相连

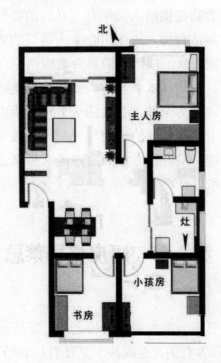

　　（厨厕相连的户型。

　　厨房与卫生间相通，在风水上是水火相战的格局，会引起夫妻间的情感风波，主外遇、分居、离婚等事，也对健康有非常不利的影响。

　　如上图户型，在入住之前，可以把卫生间的门改在朝向客厅的方位；把卫生间与厨房相连通的门堵上，使厨房成为独立的空间，与卫生间分隔开来。）

　　现代住宅中，有的户型由于面积的限制，为了方便设计和节省空间，往往会把厨房与卫浴间相连，甚至把卫浴间的门开在厨房里，出入卫浴间时先路过厨房然后再到卫浴间。其实，这种情况是非常不妥当的。

　　厨房是制作食物的地方，而卫浴间是洗浴方便的地方。若厨房紧邻卫浴间，卫生上就会出现问题。卫浴间的秽气往往很难清除掉，容易滋生细菌、污物，这样，厨房就会容易出现病毒，不但污染食品，还会损害人体健康。

　　如果让卫浴间的污秽之气混入厨房，再高明的厨师做出的食物也不会好吃，不仅会败坏了一家人的胃口、心情，也会影响饭菜的质量。

三、厨房不宜与卧室相邻

　　卧室是睡觉休息的秘密空间，对环境的要求比较高，不宜有污秽之气影响，也要避免被噪声干扰。在厨房烹饪时，会产生比较多的噪声，而且烹饪食物后往往会留下油烟味，如果跟卧室相邻，这些噪声和油烟会严重影响卧室的环境和人的睡眠质量，容易对身体造成损害。

　　这一点其实在现实的二房或三房的户型构造中，很难避免，总有一个房间会与厨房相邻。那么，厨房有一扇较大窗，通风换气比较顺畅，并且家中有较大功率的吸油烟机，并且油烟机能得到定时的清理，保证排烟顺利，然后厨房卫生能得到定期的清理，做到这几点，就会使厨房对邻近卧房的不利影响减到最小。

四、厨房不宜设在阳台

　　阳台是光线和新鲜空气进入室内的流通渠道，是外界与室内连接沟通的地方，能为家人带来新的生机，需要保持气流通畅和卫生清洁。

　　如果将厨房设在阳台，会影响新鲜空气的流通，而外界的风又容易把厨房的煤气和油烟吹入室内，于健康不利。夏天阳台的气温较高，食物也易腐化，到了冬天，寒冷的北风也会影响烹饪的心情。

（在阳台上的厨房。

一些单间带一卫的小户型住房，也就二三十个平方，本身没有厨房。

一些年轻人，因为经济条件原因，只能买得起这样小的房子。买了这样的住房之后，很多人家就把阳台改造成厨房，这也是一种为生活迫的无奈之举。

因为阳台是较大的换气口，风力较大，所以，如果非要把阳台改成厨房的话，也要在阳台与与卧室之间安装玻璃推拉门。做饭的时候，关上推拉门，防止油烟吹入室内。）

五、厨房设置忌有死角

厨房中往往有不少死角，例如：吊橱的顶部，墙的转角处，水池的下面等。

由于这些是平时视力所难及的地方，在厨房装修时，常常被忽视，不仅积灰，而且容易隐藏、滋生虫类。所以，在厨房的设计中，尽可能采用封闭式柜体设计。如吊橱封到顶，煤气柜、水池下部也最好落地封实。这样不但利用了空间，节省了材料，而且避免了死角，既不致藏污纳垢，同时也使厨房显得卫生又美观。

第二节　厨房布局要诀与设计

"民以食为天"，而食物的制造来源是厨房，所以厨房设计至关重要，如果厨房的方位与布局不好，则会影响到家人的身心健康。

一、厨房的方位风水

从五行与八卦的方位上来说，厨房的位置安排是非常有讲究的。

厨房是生火做饭的地方，现代人用液化气、电磁炉，这些都是火五行，所以厨房的五行属火。

东方震卦属木，东南巽卦属木，正南离卦属火，西南坤卦属土，东北艮卦属土，这几个方位，都与厨房的火五行相生或比和，所以，一般来讲，厨房处于这些方位才符合基本的风水原则。

西方兑卦属金，西北乾卦属金，厨房处于西方、西北方，会形成火克金的局面，形成风水理气上的不利。

兑金为肺，乾金为头为肠，所以厨房位于西方会对呼吸系统不利，位于西北会对肠胃功能不利。

兑卦为少女、小女儿，乾卦为家主为家长为丈夫，所以厨房位于西方会对家中小女儿不利，处于西北方会对男主人、对丈夫不利，也不利事业发展。

北方坎卦属水，厨房位于北方位，北方坎水克火，形成水火相战，主夫妻感情不和，不利婚姻，也会诱发心脏及血压方位的疾病。

以上所述的五行卦理的风水原则，是初级专业风水知识，适用于一般情况。

二、厨房方位风水辨证要诀

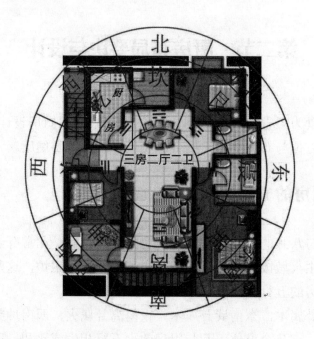

（厨房在西北乾卦位。

厨房属火，乾卦属金，火克金，乾卦受损。

乾为一家男主人、为丈夫、为事业、为头、为大肠。

对于命理金五行偏弱的人来说，厨房在西北的风水格局，会加重乾金受损的程度，对事业发展不利，也对婚姻不利。）

风水是辨证的，在风水的实践中，专业风水师比普通人家会遇到更多、更复杂的情况，这就要有更进一步的中高级知识与技法才能解决这些问题。所以，下面这段文字是讲给想要提高自身水平的专业风水师的。

　　比如，一家的男主人，他出生在秋天，日主庚金，并且金五行偏旺。这个时候，克他的火五行就是他的官星。因为火克去了金多余的旺气，使五行旺度趋于平衡，所以火五行是对他有利的喜用神。在命理学中，如果日主偏弱，克我者使我受伤为忌神，如果日主偏旺，克我者使我平衡为喜神，所以"克"的结果是吉是凶，也是辨证的。男主人行火五行大运与流年时，引发命理官星火五行来克制旺金，使命理五行趋于平衡，就会事业顺利，官职提升。这种八字的人，他的厨房位于西方位或西北方位，就会形成火克金的升官风水格局，风水的理气吉祥格局与命理的喜神组合相一致，就会形成对他非常有利的催官运风水。当然，这要真正懂风水格局、懂风水理气、懂八字命理的风水师才能结合命理喜忌，布出这样的风水格局。

　　再比如，一家的男主人，八字日主也是庚金，但生在夏天，日主弱而被火克，火五行成为命理的忌神。当火五行临大运或流年当旺时，一定会克伤日主，就会发生降职、失业、疾病、手术、伤灾之类的情况。如果这种八字的人，家里的厨房位于西北方位，厨房的火五行克西北方位乾金，就会加重他在健康上、或者事业上的不利程度，多半会引发重大疾病、手术、或者牢狱之灾。因为火五行为命理忌神，那么他的厨房方位只有位于东北艮卦位、或者西南坤卦位，有艮、坤之土来化火生金，才能在风水上减轻他命理当中的不利。如果事先分析预测了，买房、租房时就会做出正确的选择。但如果厨房已经位于西北乾卦位了，形成了厨房火五行克乾金的不利风水了，怎么化解？用土五行来化火生金；摆放黄色的水晶球可以化解，原因是，黄色五行属土，水晶五行属土，球形为圆为乾卦为金五行；为了加强金五行的力量，还可以再摆放铜猴以增旺庚金的力量，原因是，猴为申金，是庚金的根，可以显著增加庚金的力量；还可以再挂一串五帝铜钱，因为五数为土，铜钱为金，五帝钱可以为化泄火五行增旺金五行再加一道力量。

　　市面上的风水书籍，或者是限于作者自身的水平，或者限于作者的保守，绝大多数书籍，只讲了一些风水的普通常识，很多连常识都讲错了，根本没有涉及真正的风水用法。

　　这几段文字，属于命理风水点窍的内容，对于一些处于困惑当中的初、中级风水师会起到快速解惑的作用，也会让一些普通读者认识到风水是辨证的，不是死板的。

　　在风水学当中，除了一些风水格局方面的内容是大体固定的，其余关于风水理气、关于命理吉凶方面的专业知识非要长期学习与实践才能正确、灵活、有效地运用。

　　其实不只厨房如此，卫生间以及住宅当中的各功能房间的风水布局与化解方法，都是如此。所以，真要为一户人家做全面的风水设计与规划，是一件非常耗费时间与脑力的工作。

　　学习要举一反三，因为这是一本以通俗、常识性知识为主的风水书籍，所以更深的专业风水知识就不讲解了，有兴趣的读者可以看笔者为专业风水师写的教材《生态景观与建筑艺术》、《岁荣通鉴》、《圆通达观》。

三、操作方便的设计

　　厨房应保证一定的面积，一般净宽不应小于 1.7 米，面积不应小于 5 平方米，带餐厅的厨房不应小于 8 平方米，其操作面长不应小于 2.4 米。

　　设计应从减轻操作者劳动强度、方便使用来考虑。

四、加强安全保障

　　厨房是水、电、火、煤气集中的地方，因此一定要保证安全。

　　橱柜台面应用防火、防水材料。

　　煤气管道与电线不能并排，要保持一定的距离，做好绝缘措施。

　　灶具、抽油烟机、热水器等设备应合理布置，并且要充分考虑这些设备的安装、维修及使用安全。

　　地面因经常会洒上水，所以应选用防滑的瓷砖或石材。

　　厨房里最好不用垫子铺在地面上，以防做饭炒菜时不小心被绊倒。

（厨房的水管与煤气管道设计安装。

白色的是水管；银色的是煤气管道。

装修完成后，这些管线都会被厨具及装饰隐藏起来。）

五、要便于清洁

中餐制作多是煎、炒、烹、炸，油烟非常大，因此抽油烟机要选功率大的，并且在日常生活中要定期清理，以保证顺畅排烟。

橱柜面材要选用表面光洁、易于清洗的。

墙面可贴瓷砖，顶面也可以用铝塑板全面吊顶，以保证清洁方便。

此外，如果家里经常炒菜、油炸的话，厨房最好不要做成开放式的，以免油烟串到其他房间里去。

一些人家喜欢西餐的吃法，多凉拌与蒸煮，油烟很少，就比较适合开放式的厨房。

（开放式厨房。

开放式厨房不太适合经常以炒、炸方式做菜的中餐，因为油烟太大会使满屋子都是菜味，时间一久，墙面、家具与饰品上会落满油污，很难清理。

如果居家餐饮多以西式做法为主，多凉拌与蒸煮，油烟量很少，就比较适合选择开放式的厨房。

开放式的厨房一般都会与客厅连通，进大门后，会让归家的人感到整个家居的空间宽敞与大气。）

六、通风采光性能要好

厨房的门窗最好不要在同一面墙上，这样不利于通风，必要时可考虑加装排气扇。

南面的厨房还应注意不能让阳光直射到食物上，以免变质。

可以加装射灯，以增强局部照明效果。

（没有窗的厨房。

　　厨房没有窗户，余散的油烟、菜味会经久不散，买房时最好考虑好这一点，是否能长期忍受这种闷闷的感觉。

　　在风水上，厨房没有窗，排烟不畅，不利健康，多会引起血压、血脂、心血管方面的问题。这是因为火五行没有泄路的缘故。）

第三节　厨房装修要点

　　厨房是水火交融之地，装修时要考虑的问题多，以下列出一些基本要点。

一、先设计后施工

　　厨房里的橱柜、炉灶、洗菜盆、油烟机、冰箱等设施，虽然是在墙体与地面施工后才进场，但施工前最好要有一个整体的风水规划布局，

 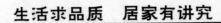
然后再按照这些提前做好的风水布局进行天棚、墙体、地面管线与厨房整体橱柜的设计与施工。

要先确定炉灶的合适位置，设计好燃气管道在墙体内的走向；还要确定水龙头的正确位置，设计水管在墙体内的走向，设计好各个插座的位置，确定好电线管路在墙体内的走向，在这个基础上，设计出橱柜的整体造型。

要重点注意的是，厨房经常要用的开关插座的位置，比如吸油烟机、电饭锅、冰箱、微波炉等所在的位置。只有把这些提前规划好，才能设计出正确的墙体内部电线线路的走向。

如果厨房的各种设施没有进行提前规划，当天棚、墙体、地面装修完毕之后，就会发现诸多不便，但却没有办法再改动了。比如放冰箱的位置没有插座，就要从别的插座拉一条外接线路，如此一来，几样电器就会连几条外接电线插座，结果外接线路乱成一团，会影响家居的美观，也是一种风水上的煞气，代表日常工作生活经常会被琐事干扰，影响主人的运气。

二、先顶后地

厨房施工时要遵循先顶后地的原则，也就是先安装轻钢龙骨石膏板，然后依次铺墙砖和地砖，厨房用砖最好选择不容易藏污纳垢的釉面砖。

如果选择集成吊顶或铝扣板吊顶，通常要先铺砖再安装。

三、考虑荷载量

厨房里的电器种类比较多，除了要根据使用习惯留好充足、适当的插座外，如果要使用大功率电器的话，如烤箱、洗碗机等，要单独设计回路，以免超负荷。

四、材料要防水

厨房是个易潮湿、易积水的场所，所有表面都应选择防水、耐水性能优良的材料。

操作台面、炉灶、洗碗池、落地橱柜的材料应不漏水、不渗水，墙面、顶棚材料应可用水擦洗。

（厨房地面的防水涂层。

厨房与卫生间的地面最易渗水，不但影响自家运气，还会引起邻里纠纷，所以提前做好地面、墙壁、顶棚的防水很重要。

不但要重视地面，更要重视顶棚的防水处理，因为这可以预防楼上渗水给自家带来损失。）

洗碗池相连的橱柜，最好不要用木质材料，因为木质材料经过多次淋水后容易变形，使柜门关不严。如果板材是那种碎木压制的，经过几次水浸后，材质就会变糟、掉木渣，使用寿命变短。

五、防火很重要

火是厨房里必不可少的能源，所以厨房里使用的饰面必须防火，尤其是炉灶周围更要注意材料的阻燃性能。

特别要注意的是，通常燃气、热水器的排气管温度非常高，一定要远离软管及电线，如不能保持安全距离，则需要做特殊的隔热处理。

六、不要私改燃气管道

通常情况下，燃气管道能走明管就不要走暗管，因为使用几年以后，管道就会老化，明管利于排查，利于发现问题进行维修。如果受条件制约，燃气管道需要走暗管，一定要请燃气公司的工作人员来指导管道的设计与施工。

七、不要私改烟道

烟道中的主、副烟道都不能随意改动，否则会影响排烟并有倒灌的可能，为了防止倒灌，安装抽油烟机时要检查闭风器。

第四节　厨房装修材料的选择

厨房装修材料的选择，一般来说，最主要的是指厨房的地面材料、墙面材料、顶面材料的选择。

地面材料防水、防滑是关键；墙面材料的耐擦、耐洗是要点；而天花板材料主要是塑料扣板和铝扣板，防漏是关键；这三类材料的选购一定仔细，马虎不得。

一、顶面材料

无论天花板选择哪种材质，一定要防火和不易变形。

供厨房用的天花板材料主要是塑料扣板和铝扣板。

其中，塑料扣板价格便宜，但供选择的花色少。

铝扣板非常美观，常见的有方板和长条板，喷涂的颜色丰富，选择余地大，但价格较贵。

二、墙面材料

耐擦洗瓷砖正当红厨房墙壁应选购方便清洁、不易沾油污的墙材，还要耐火、抗热变形等。可供选择的有防火塑胶壁纸、经过处理的防火板等，但最受欢迎的还是花色繁多、能活跃厨房视觉的瓷砖。瓷砖独特的物理稳定性，耐高温、易擦洗等特点都是它长期占据厨房墙面主材的原因。

三、地面材料

现代人在装修中对材料要求非常考究，有些人为了达到室内地面材料的统一，在厨房也使用了花岗岩、大理石等天然石材。虽然这些石材坚固耐用，华丽美观，但是天然石材不防水，长时间有水点溅落在地上会加深石材的颜色，变成花脸。如果大面积打湿后会比较滑，容易跌倒。因此，潮湿的厨房地面建议最好少用或不用天然石材。

另外，实木地板、强化地板虽然工艺一直在改进，但最致命的弱点还是怕水和遇潮变形。

地面材料最好选择瓷砖、通体砖，这两种材料防潮、防滑，既经济又实用。

第五节　不同空间的厨房布局

　　厨房是我们一日三餐离不开地方，厨房有大有小，不同户型的厨房空间是不一致的，针对不同的空间该如何来合理布局呢？

一、小面积厨房

（小面积"一字形"厨房。）

　　小面积厨房很难安置下占地面积大的整体橱柜，这种情况下，最简单的"一字形"布局就成了最好的选择。

　　当然，"一字形"厨房要布局合理也需要有一个前提。水、气管道与电器步线分布在同一面墙体之上，如果缺乏这个前提，就必须先将管道进行改道，否则将很难实现合理的使用功能。

　　"一字形"布局的优点是操作时没有任何障碍物影响走动，每个柜子都能得到充分利用，所有设备都一目了然；缺点是操作台面一般并不

富余，柜体一般不会太多，厨房用品较多的家庭可能会感觉不够用。

空间小，只能在橱柜上多设计一些实用的格子，或者多功能性平板的配件，或者利用墙面增加隔板和挂钩。

二、接近正方形的厨房

（小面积"L"形厨房设计。）

正方形厨房可采用"L"形布置，这种方法能有效利用墙面，操作省力方便，可布置尺寸较长的家具、收放数量较多的炊具。

在这种布局中，水池在厨房的一侧，炉灶偏里靠侧墙，水池与炉灶之间以操作台相连。这样的厨房布局顺序明确，清洗、备餐、烹饪互不干扰，面积虽小，却井然有序。

对于"L"形厨房的转角位，可以增加一个三角的扇形柜或者转角拉篮，放入锅、盆等一些大的器物，减少不必要的角落浪费。也可以将橱柜的转角设计成小吧台，将榨汁机、咖啡壶等小型电器放在那里。但应注意"L"形的两边边长不能相差太大，如一边过长，也会影响工作效率。

三、适合开间较宽的厨房

　　U 形布局适合开间较宽且没有阳台相连的厨房，这是厨房基本功能最好用的一种布置，其操作流程合理，能容纳多人同时操作。

　　U 形橱柜水槽最好放在 U 形底部，并将配膳区和烹饪区分设两旁，使水槽、冰箱和炊具连成一个正三角形。

　　如果空间够大，可以将餐台或餐桌直接设计在厨房内，兼做操作台使用。或者考虑在操作台的拐角处放置一张可折叠的餐桌，不用时可以折叠收纳起来。

（厨房 U 形布局设计。）

四、超大面积的厨房

（岛形厨房设计。）

如果厨房面积在 16 平方米以上，那么看起来比较气派的岛形格局将非常合适。

岛形厨房一般被西方家庭广泛采用。

岛形厨房的岛台分两种：一是与整体橱柜相连的岛台，另一种就是独立的岛台。

岛形是典型的欧美式设计，厨房不再只是煮食的地方，而更像一个交流、休息的场所。

岛台不只可以调理食物，也可以用来摆设完成的餐点，甚至可以在厨房中聚餐。它既可以作为单纯的收纳柜、工作台面，也可以安排进水与电线管路做成调理区。

岛台备餐台面比较开阔，可以将餐桌和备餐台合二为一，再摆上一两把高脚凳。

如果把岛台当作辅助的烹饪区，则可以考虑把电磁炉设计为一体，吃火锅也不必腾挪物品。

岛台上方也可以设计成一个酒杯架，把岛台做出吧台的感觉，颇具

生活情趣。如果酒杯架换成吊架，那么像锅碗瓢盆、漏斗、陶罐，还有蒜、葱头，统统可以悬挂在上面。

第六节　厨房色彩与灯光

随着厨房空间的变大，厨房已经成为家庭准备饭菜和感情交流的地方。因此，厨房的色彩和照明也应该像其他的房间一样，要充满温馨和舒适的感觉。

一、厨房色彩

厨房色彩可根据个人的爱好而定。

一般来说，浅淡而明亮的色彩，可使狭小的厨房显得宽敞；纯度低的色彩，可使厨房温馨、亲切、和谐；色相偏暖的色彩，可使厨房空间气氛显得活泼，热情，增强食欲。

总的来说厨房色彩要求尽量表现出整洁、干净、亮丽，起到刺激食欲和使人愉悦的效果。

朝北的厨房可以采用暖色来提高室温感；朝东南的房间阳光足，宜采用冷色达到降温凉爽的效果。

天花板、护墙板的上部，可使用明亮色彩，而护墙板的下部、地面宜使用暗色，使人感到室内重心稳定。

白色与绿色是代表洁净与希望的颜色，用于厨房会为阴气潮湿的环境增添许多生气，令烹饪者在操作时心情舒畅而愉快。

二、厨房灯光

厨房对光线要求很高，因为光线对食物外观有明显的美化作用，可

以影响人的食欲，所以光线应惬意而有吸引力，这样能提高制作食物的热情。

炉灶、炉架、洗涤盆、操作台等都要求有足够的照明度，使备菜、洗菜、切菜、烧菜都能安全有效地进行。

厨房通常以吸顶灯或吊灯作一般照明，也可采用独立开关的道轨射灯系统在厨房各个角度发挥光照作用。

因为厨房是散发油烟的地方，所以最好选择造型简单、易于清洁的灯具，如果造型过于复杂，时间一久，灯具被油垢遮污后，清理起来不但十分麻烦，还不容易清理干净。

灯具材料最好选择不会氧化生锈的或具有较好表面保护层的。

在厨房操作台的上方，一般设置嵌入式或半嵌入式散光型吸顶灯。嵌入式灯罩以透明玻璃或透明塑料为好，这样顶棚简洁，也能减少灰尘和油污带来的麻烦。

灶台上方一般设置抽油烟机，机罩内有隐形小白炽灯，供灶台照明。

用紧凑型荧光灯照明是当前小型厨房常采用的一种照明方法。其特点是光效高、照明效果好，安装使用方便。嵌入式荧光灯的造型美观大方，光色柔和宜人，突出显示了厨房的明净感。

第七节　整体橱柜的台面材质选择

现在越来越多的家庭选择定制整体橱柜，既美观又实用，而在橱柜构造中和人们入口食物接触最为密切的就是台面。

台面的耐用性和抗菌性直接影响到人们日常的厨房生活，越来越多的消费者开始关注台面的环保和卫生问题。

市场上橱柜台面材质很丰富，最常见的是不易变形、防火耐磨的人造防火板及大理石、人造石等几种。

一、天然大理石台面

（大理石台面整体橱柜。）

天然大理石有着各种美丽的纹理，但是它天生的细微裂纹，会在使用久了之后出现破裂。在日常清洁中，难免会有一些残渣随着抹布的擦拭永久性地填入裂纹中，成为细菌滋生的温床。而且，天然的石材或多或少都会有一定的辐射性，可能会对人体健康产生危害。

二、花岗岩台面

（花岗岩台面整体橱柜。）

作为传统的橱柜台面材料，花岗岩密度大、硬度高，表面很耐磨，这在一定程度上减少了藏污纳垢的可能。较好的抗菌性能试验证明，在所有可用于厨房台面的材料中，花岗岩的抗细菌再生能力比较好。但是，天然材质的局限使天然石材的长度通常不长，所以要想做成通长的整体台面，就肯定会有接缝，这些接缝处同样容易隐藏污垢。

如果非常喜欢天然材料，那么具有很强抗菌能力的花岗岩还算比较理想的选择，只不过在施工时要格外注意花岗岩的接缝水平。

三、不锈钢台面

（不锈钢台面整体橱柜。）

　　不锈钢是用于家庭橱柜及厨房工作台的传统原材料，其外表很前卫，而且亮晶晶的不显脏。但一旦台面被利器划伤就会留下无法恢复的痕迹，这些细碎的划痕中也容易隐藏脏东西，平时擦拭它的表面一定要格外注意。

四、防火板台面

（防火板台面整体橱柜。）

防火板台面由中密度板、刨花板、细木工板作为基材，表面采用平面加压、加温、粘贴工艺。用于橱柜台面的防火板贴面通常以进口为主。国内用于制造防火板的材料多为低价的密度板，在使用性能和环保方面都不能提供有效保证。此外，无缝拼接很困难，防火板和天然石材一样存在长度的限制，断面部位的接合很困难，不管用硅胶粘连还是用金属条嵌缝，都无法实现整体完美的无缝拼接。这些缝隙自然就是细菌污物的"温床"了。

五、瓷砖台面

（瓷砖台面整体橱柜。）

　　用于橱柜台面的瓷砖与墙砖有着相同的物理特性，尽管非常耐用，但它在重物的撞击下容易破碎，而且过热或过冷的物体长期放在上面也会使其损坏。

　　拼接瓷砖肯定会有缝隙，即使是无缝瓷砖，也会在砖与砖之间留下比其他材质拼接时大得多的缝隙，非常不便于清洁，卫生隐患不言而喻，而且填缝剂容易变黑，质量次的还可能出现霉斑。

六、人造石台面

（人造石台面整体橱柜。）

人造石是天然矿石粉、色母、丙烯酸树脂胶经高温、高压处理而成，它质地均匀，无毛细孔，称为高分子实心板，该材料符合美观实用相结合的橱柜发展趋势。

人造石的纹路和色彩丰富，完全可以和石材媲美，而且它没有一点辐射性，也更容易清理，是天然大理石的理想替代品。真正的无缝拼接利用独特的粘接打磨技术，人造石台面可以实现无缝拼接，污物、细菌再无容身之地。

第八节　炉灶安装的布局宜忌

炉灶是厨房不可缺少的组成部分，是一家三餐的餐饮来源。

食者、禄也，也就是说炉灶是一家财富的所在，对居家财运有很大影响。

炉灶的摆放有很多的讲究，那么，摆放时应注意哪些事项呢？

一、厨房门不宜冲炉灶

炉灶忌风，如果厨房中的灶具对着厨房的门，因为门口来风，火容易熄灭，留不住财气。

另外，炉灶对门，在风水气场上，炉被门冲，代表食禄不稳，财运起伏不定，多生口舌是非。

二、炉灶不宜放在窗下

厨房讲究有依靠，代表家人衣食无忧，通透的窗是虚的象征，如果炉灶放在窗下，则暗喻着家庭无依无靠。

而且，如果炊具离窗户太近，当风从窗户吹进厨房时会影响到火势，这就会影响到炉灶的催财作用，也很容易带来安全隐患。

三、炉灶不宜与水池紧邻

厨房中的炉灶不能相邻，而要间隔一段距离，并且炉灶要略高于水池。

一般来说，两者之间最好间隔一到两个身位为好，这样既在风水上

避免了水火相战的格局，也有利于炒菜换种类时刷锅方便。

四、炉灶不宜安在阳台上

炉灶是制作饮食的场所，食禄主财运。炉灶安在阳台上，风吹气散，主家中财气不聚，没有发财的机会，只赚辛苦钱，而且财来财去，家运与财运都不稳定。

另外，厨房也对婚姻有影响，因为炉灶受风吹而气散，主夫妻聚少离多，或者难以有稳定幸福的家庭生活。

五、炉灶不宜贴近卧室

如果炉灶贴近家中的卧室，炉火炽热，而煎炒时所产生的油烟对家人的健康也有着不良的影响。最简单的化解方法就是变换炉灶的位置。

六、炉灶不宜背靠卫浴间

如果家中炉灶的位置背后靠着的是卫浴间，非常不利，因为炉灶为食禄，以厕所为靠山的话，说明会渐渐以不道德或者违法的方式来赚取钱财，并因此得上一些慢性的、不易根治的疾病。

有的住宅厨房面积很大，会把炉灶设在厨房的中央位置，这样就形成了四面都是空的局面，导致厨房中心位置火气过旺，这样的情况，易造成家庭失调。所以炉灶最好是靠墙放置，这样象征有靠山，对家运和健康方面也有益。

七、灶台的尺寸设计

现代的灶台包括灶具、水盆和操作台三部分，基本都在一个水平高度。

灶台的高度与宽度应以人体工程学原理为依据，过高或过宽都会给做饭、炒菜带来不便。

1. 高度

灶台高度一般为 0.86—0.89 米和 0.94—1.00 米。

如果家庭成员的身高相差较大，可选用升降灶台，根据下厨者的高矮来调整灶台的高低，让厨具"动"起来，让每个身高不同的"厨师"都可以找到最合适的高度，从而提高工作效率，凸显了厨房设备的人性化。

高度从贴完地面砖的零高度算起，直到灶台平面。

2. 宽度

灶台宽度一般为 0.47—0.5 米，或者 0.55—0.62 米。

如果台面外边具有弧形，其最宽直径不应超过 0.62 米，再自然弯曲过渡到最窄距离，其最窄直径不应低于 0.47 米。

宽度也是台面直径的最宽距离。

上面所讲的高度与宽度都是灶台的完成面，也就是完成之后的净高度和净宽度。

第九节 厨房水槽的挑选

在厨房的各类用品中使用最频繁的厨具就是水槽了。

择菜、淘米、刷锅、洗碗等，厨房里绝大多数的工序都会和水槽打交道，所以水槽的质量十分关键，直接关系到家人的日常生活。

一、水槽的材质

1. 不锈钢

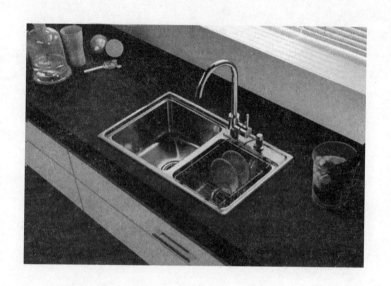

（不锈钢水槽。）

不锈钢水槽的使用范围最广泛，其金属质感能更好地融入厨房的整体风格中。

不锈钢水槽耐腐蚀、抗氧化、韧性好，坚固耐用。

不锈钢的种类按照表面处理工艺，一般分为高光、砂光、亚光三种。

高光的表面看起来非常亮洁，高档大气，但在日常清洗中，光亮的表面很容易被刮花，破坏整体效果。

砂光的很耐磨损，但是容易聚积污垢，清洗起来比较困难，久而久之容易泛黑。

亚光的既有一定的亮泽度，看起来很美观，也有砂光的耐久性，在居家使用中更具实用性。

2. 陶瓷

（陶瓷水槽。）

　　陶瓷的水槽重量大，如果在设计时，想把陶瓷水槽与橱柜配套镶嵌的话，在选购橱柜时要提前问清楚橱柜能承受多大的重量，以便柜体和台面能够给水槽足够的支撑力。

　　其实陶瓷的水槽最好独立安装，尽量不要与木制的橱柜形成组合，因为水槽周边经常会淋水，时间一久，容易使木质的橱柜受潮变形或腐烂，而且当水管、或管道损坏时，也给更换零件带来不便。

　　陶瓷水槽耐高温、耐老化、易清洁，但是要避免与硬物的碰撞和划伤。

　　清洁陶瓷上的污垢时，最好采用金属丝团擦洗，如果是遇到顽固污渍，也可倒一些洁厕灵，用刷子刷洗，可以清理得非常干净。

3. 花岗岩

（花岗岩水槽。）

　　花岗岩水槽很难被一般铁器所划伤，可以有效杜绝划痕与污垢，还可耐300℃的高温而不褪色。

　　花岗岩水槽原材料环保、无毒、无辐射，可循环使用，废料处置无污染。

　　花岗岩水槽的工艺为整体一次成型，由于不像不锈钢水槽那样需焊接，因此不会开裂。

　　人造石水槽需要一个勤劳的"主人"，每次使用后都需要将存留在表面的水渍用布轻轻擦掉，若长时间不清理，很容易造成顽固的污渍。

二、水槽的外形

水槽一方面要尺寸足够，以满足使用时的需求。同时还要考虑所占空间大小以及在厨房中相对于准备区和烹饪区的位置布局。

1. 圆形

圆形水槽通过线条的变化能为厨房增加一份灵动，但圆形的内部使用空间相对方形水槽来说较小。

圆形水槽常见的有单盆和双盆设计，而多个小厨盆的款式则较少。

2. 异形

异形水槽在保证使用功能性的同时可以更加合理利用空间。

异形水槽也分为单槽和双槽，要根据使用需要进行选择。

3. 长方形

长方形水槽的内部空间能最大限度地被使用，水槽款式设计也最丰富。

还容易与可移动的沥水篮和案板搭配使用。

第十节　厨房中冰箱的摆放

冰箱是家居生活中必不可少的电器之一，肉类与蔬菜的保鲜都离不开冰箱。特别是夏天，冰箱显得尤其重要，不管是啤酒、饮料、水果，还是孩子的冰激凌都离不开冰箱。

一般家庭，出于使用的方便，冰箱多放在厨房。因为厨房面积一般不会太大，摆放冰箱时，一个合理的位置能让厨房的烹饪活动更加顺手，也能减少使用故障，延长冰箱的使用寿命。

一、不可近炉灶

放置冰箱的位置不能太靠近炉灶，因为炉灶在烹饪时会产生很大的热量，而冰箱在制冷时也需要散发热量，处于高温环境中将耗费更多电源，还会影响制冷效果。

二、不可近水池

在利用水池清洗蔬菜、碗筷时，难免有水溅落出来，如果离冰箱太近，溅落的水很可能导致冰箱漏电，引发安全事故。

三、不可放在不通风的角落

冰箱在工作时需要散发一定的热量来达到制冷效果，如果摆放在不通风的位置，会影响冰箱的正常散热，进而造成故障或缩短使用寿命。

第十一节　开放式厨房的设计要点

如今，开放式的厨房设计受到很多人的青睐。

对于中小户型来说，开放式厨房能把封闭的厨房与餐厅、客厅有机组合起来，能使家庭空间更显宽敞，更具时尚感。

厨房设计成开放式的时候要注意以下几个方面问题。

一、经常炒菜油烟多

几乎每顿都要炒几个菜的家庭，不适宜采用开放式厨房。

因为炒菜时散发的油烟非常浓，既使有油烟机也不可能吸走所有的

烟，总会有大量油烟通过开放的空间散发到餐厅、客厅。

时间一久，家具、地面、饰品、窗帘等都会沾上油污，黏黏的，清洁起来很费力，并且还会使房间充斥着一股子油味儿、菜味儿。

所以，如果家中经常炒菜，或者人口较多，或者厨房没有通风窗，就不太适合采用开放式厨房。

二、换气设备要好

开放式厨房应该选用不会产生太多油烟的厨房用具。

大功率、多功能的抽油烟机是开放式厨房必不可少的设备。

在厨房位置如果有窗户才最适宜设计开放式厨房，因为这样可以确保良好的通风，能减少室内的油烟，还能让室内的光线更通透。

另外，在餐厅和客厅最好还要加装换气设备，以便吸走漏网的油烟。

三、选用易清洁材料

开放式的厨房因为油烟会发散的缺点，所以应选用容易清洁的材料。

地面最好选用地砖、强化地板等材料，切忌铺贴实木地板，因为实木地板容易受热气影响产生变形，缝隙间也容易沾上油污而不易清理。

四、家具必须简洁

开放式厨房的台面应以简洁为主，如果摆放了过多的炊具，就会让整个空间显得杂乱无章。

所以如果选择开放式厨房的话，最好能让储物的橱柜尽可能大些，将这些各种餐具、调料等都装到柜中。

另外，客厅、餐厅的家具与厨房家具要协调，以确保开放式厨房能融入整体家居氛围中。

五、重视电路安全

开放式厨房的建筑材料一定要选用防火材料。

电路要远离燃气线路。

电源线、网线以及水管都要从地下连接。

开放的厨房中虽然要多留电源插座，但它们最好能隐藏于电器或橱柜的后面，否则会影响美观。

第十二节　小厨房妙用大空间

很多小户型装修业主都会感慨自家的厨房面积太小，不能装修成效果图中的漂亮厨房，其实不然，不管是多大面积的厨房，只要装修设计得当，就会有好的装修效果。

一、橱柜内部空间

（橱柜内部空间的实用设计。）

　　每个柜子、抽屉、拉篮中的存储空间，可以利用一些五金或分隔栏进行空间细分，实现"寸土寸金"的利用率。

　　如果经济条件许可，甚至可以借用一些高档橱柜细节功能部分的设计，如360度转角篮等，将拐角等隐蔽空间充分利用起来，做到真正消灭厨房死角的问题。

二、巧用立体空间

（实用的厨房吊挂设计。）

　　充分利用空间也是重要的布置手段。

　　制作一些吊柜、吊架、小壁柜等，用工和用料不多，收益却不小。如灶具和桌案下可设小壁柜，上下两层，供放油盐酱醋等调味品以及碗碟之类的盛具，灶具上部可设挂物钩数只，专供挂锅铲、勺等炊具。

　　此外，应尽可能采用折叠式多功能家具。

　　比如折叠式有餐桌功能的碗橱，做两个特制的抽屉，一个插刀具等，另一个盛放筷、勺、铲等用具，这样就把生熟用具分开，既卫生又方便。

再比如抽拉式的隔板就是一个隐蔽的餐桌，拉出来便是一个简单的早餐台，不用的时候推进去，空间又恢复到了原样，既方便又节省空间。

三、选对风格、色彩和材料

对于小厨房来说，以直线条为主的现代简约风格是最佳的选择，宜选视觉冲击感较强的金属材料和亲和力强的颜色。

整体色彩，应以单色调，浅色系为主，切忌花花绿绿。

在吊柜与低柜的数量设置上，依需求而选。如果家里人口不是太多，可以只选一或两个吊柜，其他的选用开放式的隔板来储物。

吊柜尽可能不要到顶，否则，会给在此劳作的人造成一种压迫感。

另外，以通透的玻璃作吊柜门板，既具现代感，也可消解因狭小和阴暗所带来的沉闷。

第十三节　厨房橱柜的保养

再好的橱柜产品，若在使用的过程中不能很好地清洁保养，都可能使原本时尚美观、洁净如新的橱柜失去原有的色彩。

一、台面

无论哪种材质的台面都怕高温侵蚀，要避免热锅、热水壶直接与橱柜接触，避免触击台面，避免染料或染发剂直接置于台面上，避免将酱油瓶等物品直接放在台面上，人造板材橱柜应避免水渍长时间滞留在台面上。

二、门板

常清洗，多擦拭，经常保持门板的干爽。

亮面门板需使用质地较细的清洁布擦拭。

实木门板最好用家具水蜡来清洁。

水晶门板可用绒布类清洁擦拭，或以干布轻拭。

烤漆门板则要用质细的清洁布蘸中性清洁液擦拭，要避免尖物接触留下刮痕。

开关门板的动作宜轻、门铰链定期上机油等可以延长橱柜的使用年限。

屋内湿度过高，则需要在厨房内加装除湿机，以保持橱柜的干燥，防止变形。另外要注意避免台面上的水流下来浸泡到门板，否则时间长了门板会变形；门板合页及拉手出现松动及异响时，应及时调校或通知厂家维修。

三、橱柜体

吊柜的承载力一般不如下柜，所以吊柜内适合放置比较轻的物品，如调味罐及玻璃杯等重物最好放在下柜里；器皿应该清洗干净后再放入柜中，特别要注意的是要把器皿擦拭干；橱柜中的五金件用干布擦拭，避免水滴留在其表面造成水痕。

四、水槽

使用中性清洁剂，以棉布洗刷即可。不锈钢水槽若有水斑时，可以用去污粉或菜瓜布刷洗。水槽可以事先用细丝兜住内部滤盒，防止菜屑及细小残渣堵住水管，如有排水不良的现象，应尽快请维修人员去检修。

第十四节　有利健康的厨具选择

厨具的存放环境也非常重要，其基本的要求就是通风、干燥。

很多人为了保持厨房的整洁美观，平时把碗碟、刀具、砧板等放在橱柜里，这样做可以使厨房显得整齐有序，但如果橱柜不能经常清理的话，就很容易滋生细菌，影响家人的健康。

所以，如果使用密封橱柜存放厨房用具的话，就要在每次存放用具之前清洁一下，这样才不会滋生细菌，保证家人的健康。

一、设个碗碟架

（碗碟架。）

一些人在洗碗后喜欢用干抹布把碗擦干，其实抹布上带有许多细菌，这种貌似干净的做法反而事与愿违，把冲洗干净的碗再次弄脏。

　　此外，碗碟摞在一起，上一个碗碟底部的脏物全都沾在下一个碗碟上，很不卫生。当然，如果洗碗的时候，把里外都冲洗干净，然后再摞在一起，使用之前再冲洗一下，就可以解决这个问题。

　　如果想要保持碗碟的干燥和清洁，可以换一种方法，买一个碗碟架，把洗过的碗筷竖放、倒扣在架子上，既省事又卫生。

二、筷筒、刀架不宜潮湿

（筷筒与刀架。）

　　筷子和口腔的接触最直接、最频繁，存放时要保证通风干燥，而有些人把筷子洗完后放在橱柜里，或放在不透气的塑料筷筒里。在现实的生活中，人们其实很少每天清洁橱柜和筷子筒，几个月不清理一次的人家也很常见，结果它们往往是最不卫生的地方。

　　选择镂空、透气的筷筒，并经常清洗，是保持干净卫生的好办法。

　　最好的办法是使用消毒柜。把洗干净的碗碟筷沥干一些，然后放入洁清干净的消毒柜，是保证餐具清洁卫生最好的办法。当然，消毒柜本身也要经常清理保持洁净。

三、将厨具挂起来

（厨具挂架。）

　　长柄的汤勺、漏勺、锅铲等都是做菜熬汤时的好帮手，但很多人习惯把这些用具放到抽屉里，或放在锅和炒勺里，并盖上盖子，这同样不利于保持干燥。

　　切菜板容易吸水，表面多有划痕和细缝，经常藏有生鲜食物的残渣。

　　要解决这几个问题，不妨在厨房里进行一场小小的革命。在吊柜和橱柜之间，或在墙上方便的地方安装一根坚固的横杆，并在横杆上装上挂钩，把清洗后的锅铲、漏勺、打蛋器、洗菜篮等挂在上面，在离这些用具较远的一端挂抹布、洗碗布和擦手毛巾，在横杆的另一端则装一个更坚固的挂钩，把切菜板也悬挂起来，这样就能保证其干爽。

　　需要注意的是，悬挂、放置在橱柜外的物品在自然风干的同时也会沾染尘埃，使用前应认真冲洗干净。

第十五节　厨房中影响健康的因素

厨房是处理、分解肉类、植物类食材的地方，所以最容易产生各种细菌与污垢。

另外，厨房里还有噪声污染、视觉污染、嗅觉污染这三大"杀手"，而这三种污染却常常被人们忽视。

一、油烟

厨房内的不少气体会对人体健康产生一定危害——且不论液化石油气、天然气泄漏会造成危险的后果，单是炒菜时产生的油烟废气，对身体的危害就相当大。

烹饪过程产生的油烟中，除含有一氧化碳、二氧化碳和颗粒物外，还会有丙烯醛、环芳烃等化学物质，过多吸入这些有害物质，容易引发咽喉疼痛、眼睛干涩、乏力等症状。

降低油烟污染的方法首先是加强厨房的排换气系统，其次是尽量改变一些烹调方式，少煎炸，多炖煮，还可以多使用微波炉、电饭锅，减少厨房明火的产生。

开放式的厨房要缓解油烟污染，可以在灶台与抽油烟机间附加一个半开放式的隔层，这样能有效聚敛烹饪过程中产生的油烟。

二、垃圾

厨房温度高，湿度大，特别容易滋生霉菌。

厨房垃圾，如菜皮、果皮、剩饭菜等都是湿的有机垃圾，在自然条件下很容易腐烂分解，产生难闻的气味，形成气味污染。

厨房垃圾桶是滋生细菌和产生异味最快的地方，每次用餐完毕后，要及时倾倒垃圾。

在厨房内放个足够密封的垃圾桶是非常重要的。生腥垃圾可以先放在水池边的专用沥水筐中，而后再将沥过水的垃圾放入塑料袋扎紧，和其他垃圾一起扔进垃圾桶，并及时处理。

另外要注意用过的抹布应及时清洗，砧板应经常消毒。

三、噪声

抽油烟机的运转、炒菜，各种调味瓶、碗碟、炊具的碰撞，橱柜门开关……厨房里这些恼人的声音都会增添你下厨时的焦躁情绪。

过度的噪声污染，会导致人的耳部不适，出现耳鸣耳痛症状，损害心血管，分散注意力，降低工作效率，造成神经系统功能紊乱，此外还会对视力产生影响。

抽油烟机的噪声要控制在 65—68 分贝，才不至于让人产生烦躁的情绪，所以应选用吸力与静音两全其美的产品。

为把噪声的污染降至最低，应设计合理的储物架，安置好各种瓶瓶罐罐，安装减震吸音的门板垫。

第十章　家居卧室环境布局

卧室是最重要的休息场所。

人的一生，有三分之一的时间是在睡眠中度过。通过睡眠的充分休息，人们才能获得在新一天生活、工作、娱乐等所需要的精神与体力。

卧室的方位选择、门窗位置、床位摆放等所形成的风水气场，对人能否在休息当中获得足够的、平衡自身五行的能量，有至关重要的作用。

卧室是家庭装修的设计重点之一。在卧室的设计上，我们追求时尚而不浮躁、典雅而不死板、浪漫而不迷乱的风格。

第一节　卧室的方位与门窗纳气

一、方位选择纳入旺运卦气

以整套户型的中心为出发点，可以划出住宅的八卦方位。

东方震卦属木，东南巽卦属木，南方离卦属火，西南坤卦属土，正西兑卦属金，西北乾卦属金，正北坎卦属水，东北艮卦属土。

知道了八卦方位的五行属性，就可以在买房之前，根据自己的命理八字找出对自己有利的五行。这在命理学中叫做喜用神。对日主有利的喜用神可能是一个五行，也可能是两个或三个，不同人的八字会有所不同。

比如，一个人命理八字当中，日主为土五行，并且土五行偏旺，命局中有官星木五行来克制偏旺的土，那么这个木五行官星就是命主的喜用神，同时，因为水生木，所以水也是喜用神。这个时候，如果买房的话，自己就知道，水、木两个五行对自己最有帮助。

　　我们人生有三分之一的时间都在卧室度过，卧室是我们休养生息、积累运气的地方，那么自然要选择在我们喜用神方位有主卧室的住宅。每晚在喜用神方位睡眠，就能不断平衡自身的五行，补充自身最需要的能量，持续增加自身的运气。

二、门、窗方位纳旺气要诀

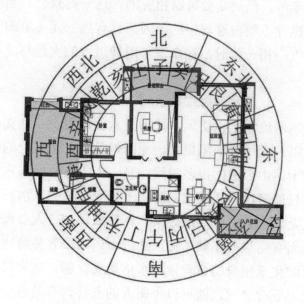

（二十四山门窗纳气方位图例。

大门纳气辰土之气。

餐厅窗纳入巳火之气。

厨房窗纳入丙、午之气。

客厅阳台窗纳入寅木之气。

客厅东北大窗纳入艮土之气。

书房阳台门纳入壬、子水之气。

卧室窗纳入乾金之气。）

　　门、窗是住宅内部与外部流通空气的唯一通道，所以，一座住宅，纳入什么五行之气最多，就是由门、窗所在的方位决定的。

　　当我们通过命理八字分析出来对自身最有利的五行之后，在选房时，选择那些门、窗开在喜用神方位的住宅，就能通过门窗的方位，纳到对自身运气最有利的五行之气，增旺自身的运气。

　　在风水当中有一个流派叫做玄空飞星，是三元风水的一种，讲究旺山旺向，但这种风水中的旺向是三元地运中的旺向，与命理风水中的喜用神不同。当在玄空飞星中的旺向方开门，但却是命理忌神时，在命主行忌神大运流年时，仍然是要破财招灾的，这一点只会三元风水却不习命理的人永远也弄不明白这其中的原因。只有当三元飞星的旺向门与命理喜用神的纳气门相一致时，在命理喜用神组合的大运与流年才能发富发贵。

　　这段文字是三元风水与命理风水相结合的要诀。

　　还有一种风水流派是六爻风水，因为六爻只用十二地支，没有十天干的用法，所以六爻风水缺陷很大，原因就是少了十天干的用法。因为在风水方位二十四山当中，很多时候，是十天干方位的风水形势有重大问题，而六爻只能解决十二地支，解决不了十天干的风水问题，所以这种情况下，六爻风水自然做不出效果。再比如，一个人命理八字因为天干官杀克弱身而有明显的牢狱之灾，通过命风水很容易解决这个问题，要以天干五行的化杀生身的命理或风水格局来化解，从家居风水中纳得命理印星的天干五行之气，就可以平衡人的五行，有效改变人的行为，起到减轻灾祸的作用。但六爻风水因为只用十二地支，所以它发现不了、也化解不了因为天干为忌而出现的问题，自然无法在风水上解决这种牢狱之灾。所以只用十二地支、只用十二生肖吉祥物化解的方法，在风水应用时，是有缺陷的。

第二节　卧室的功能区划分

舒适的卧室是休息的港湾。不管我们风尘仆仆而归，还是满面春风而回，卧室一直是能包容我们的栖息之地。

在进行卧室设计时，首先要考虑各功能区域的合理划分，卧室的空间功能主要包括睡眠性爱、储存衣物、梳妆打扮、休闲聊天、等，可根据卧室的形状、面积和个人喜好进行个性化的设计。

一、睡眠区

睡眠区是卧室的中心区，应该处于空间相对稳定的一侧，以减少视觉、交通对它的干扰。

这一区域主要由床和床头柜组成，床的摆放位置对卧室的布局有直接影响，应妥善考虑，一般从方便上下床、便于开门、开窗，夏季通风、冬季避风等方面来决定床位。

从风水格局上来讲，床不能被卧室的门正对直冲，因为这样不但对健康不利，而且不利夫妻感情，会造成离婚。

在有室内卫生间时，室内卫生间的门也不能正对冲床。如果床被卫生间的门正对直冲，会对泌尿生殖健康不利，会引起烂桃花运，不利婚姻情感的稳定。

卧床的床头一定要靠墙，这样才有依靠，对健康有利，对感情的稳固有利。

床头柜一定要成双，如果有一个破损，一定要及时换上新的一对，因为一对床头柜就代表成双的情感，如果有一个坏了，或者少一个，就会感应到夫妻情感，使夫妻感情因为一些事情产生裂痕。

二、储存区

卧室的储存功能在设计上甚为讲究，除追求衣柜具有大容量的存储共性外，还可将衣柜按照衣物尺寸的不同进行间隔划分，正装与休闲，悬挂或叠放，让自己的衣、帽、包找到各自的归宿，既充分利用了家具的收纳功能，又方便收拿衣物，其乐无穷。

从风水格局上来讲，衣柜是卧室当中高大的物体，相当于室内的山，而室内的地面与过道就相当于水。所以，卧室内的格局也要以床为中心，符合后面靠墙，前面宽敞，左高右低的原则。在这种原则之下，高大的衣柜最好摆在床的左侧方位。当我们躺在床上时，左边摆放高大的衣柜，右侧宜摆放室内的休息凳或者沙发与茶几。这种格局，才能让卧室风水发挥出最好的旺运效果。

（墙体衣柜。

从天棚到地面做成整体衣橱，用来收纳衣物与床上用品。）

三、梳装区

（卧室梳妆区。

把梳妆台安位置安排在床的侧面，与床同向，避免了镜子照床的风水问题。）

根据房间的大小，可以考虑辟出一个梳妆区，主要由梳妆台、梳妆椅、梳妆镜组成。

梳妆台一般设在靠近床的墙角处，这样，梳妆镜既可以从暗处反映出梳妆者的面部，又可通过镜面使空间显得宽敞。

在风水格局上，梳妆台的镜子不可对床，所以梳妆台的摆放最好与床的方向一致。

梳妆台也不能摆放在被卧室门直冲的方位，因为对男女主人来说，梳妆台就代表夫妻情感，被冲会导致夫妻感情不和。

四、休闲区

（卧室休闲区与睡眠区。

面积较大的卧室，可以通过隔断方式，区分成休闲区与睡眠区。）

　　面积较大的卧室，可以在窗前或阳台附近配置一对沙发与茶几，供夫妻在睡前休息、聊天、看书。

　　休闲区一般不要与床太贴近，中间应有个空间作为过道，以免干扰睡眠。卧室的电视柜一般与床相对布置。面积较为宽裕的卧房，可在与电视柜相对处摆放休闲沙发。

第三节　卧室装修布局的禁忌

　　卧房是家中最重要的休息场所，人只有保证有良好、充足的睡眠才

能在生活、工作中具备旺盛的活力，才会头脑清醒地处理复杂的日常事务，做出较为正确的判断与选择。

如果休息不好、睡眠不好，时间一长，人体的功能就会衰减、活力降低，大脑处于迟钝状态，说话、办事就会常常出差错，使自己的运气变衰。

所以，营造一个良好的、利于放松的卧室气场环境，是非常重要的。

只有能让自己五行平衡、身心放松、睡眠良好的卧室格局与装修，才是有利于健康、事业、婚姻的良好风水。

以下几种布局因素会影响睡眠的质量，进而影响人的运气，要尽量避免。

一、面积过大而空旷

人体是一个能量体，无时无刻不在向外散发能量，就像工作中的空调，房屋面积越大所耗损的能量就越多。因此，卧室面积过大会导致人体因耗能过多而免疫力下降、无精打采、判断力下降、做出错误决定、甚至"倒霉"生病。建议卧室面积控制在 10—20 平方米为佳。

二、大落地窗的安全与隐私

大落地窗采光好，会使居室显得宽敞明亮，但也有缺点。

如果是一楼的住房，卧室的大落地窗不利于保护居家隐私，这一点可以通过挂透光的窗帘来解决，但也会影响自家的视野。

另外一点就是大落地窗的安全性，一楼的落地窗，如果加了防护网，必然影响美观，高层的落地窗，如果没有坚固的防护，也会给自家人造成安全隐患，尤其是小孩子喜欢玩闹，很容易出事故。

（落地窗外有大阳台。

因为有阳台的缓冲，所以这种卧室落地窗会给家人以安全、舒适的
感觉。）

（存在安全隐患的落地窗。

高层住宅，卧室落地窗外没有护栏，也没有阳台缓冲区，虽然看起
来漂亮，但却存在安全隐患。

站在二十层的高楼墙边，只隔一扇玻璃，玻璃再结实也会给人心里带来不安，此种风水会诱导人做事行险而败。

如果窗外有大阳台做缓冲区，就会成为非常好的风水格局。）

三、卧室无窗缺少阳气

卧房应设有窗户，除了空气得以流通，白天更可以采光，使人精神畅快，而晚间窗户应备有窗帘，挡住户外夜光，使人容易入眠。

有一些住房，因位楼房整体设计的缺陷，使某些房型中的卧室没有窗户，这样的房间只靠房门纳气，空气流通性差，也不能采到自然光线，使室内昏暗，缺少阳气，所以即使依靠灯光来照明，在这样的卧室内呆久了，也会给人憋闷的感觉，让人精神恍惚，不利人的健康，削减人的气运。

在买房时，要充分考虑到这一点，尽量不要租住或购买这样的房子。

四、床头靠窗摆放

（床头靠窗。

床头靠窗会导致夫妻不和、事业不顺。）

　　窗户是纳气通风的气口，是气流进入的通道，所以，如果把床头靠窗摆放，就会让床头没有依靠，出现"空而不实"的风水败局，时间一久，人的健康状况就会变差，事业方面也会失去靠山。

　　床头一定要靠着一面坚实的墙壁，这样才会使我们有所依靠，也才能获得良好、安稳的睡眠。

　　正常的情况下，床头靠墙摆放，窗子应在床的侧面，并且与床之间要有一定的缓冲空间。如果床边的一侧紧紧靠着窗户，就会被刚进入的气流直冲，从而不利于睡眠的安稳，气流直冲没有缓和的空间，也会影响人的健康与财运，条件允许的话，要尽量避免出现这种情况。

五、卧室门冲睡床

　　（卧室门冲床，可能容易导致婚恋感情出问题，比如独身、离异，还会引起伤灾、手术之类的不利情况出现。）

有一些住宅的次卧，因为面积过小，所以当把床的方向与房门方向呈直角安置时，就会发现，房间的长度不够，致使有一部分床体，被房门直接冲到。

房门冲床，是风水中的大忌，冲则动荡不安，对健康、婚姻、事业、财运都会产生严重的不利影响。

所以，遇到面积小的房间，可以把床的方向与门的方向一致进行摆放。这样既可以让床头有依靠，也避免了门冲床的不利。

六、卧室卫生间门冲床

（卧室卫生间门冲床，是很严重的风水问题，如果再有大门冲卧室门等格局叠加，就可能会有离婚、手术、流产之类的麻烦。）

现代住宅，二房、三房是居家常见的户型，带卫生间的主卧室也是一种常见的户型设计。

带卫生间的主卧，最忌卫生间的门直冲主卧室的中心，因为这种户型构造，必定会造成卫生间门冲床的情况出现。

卫生间的门冲床，这种风水格局会引起人体生殖泌尿系统的疾病，

还会让房主人产生桃花煞、外遇、婚变等不利婚姻感情的情况。

如果已经住在这样的房子里，有条件的最好换房；或者改变卫生间的门向。在现实当中，卫生间的门大多数因为房屋整体的构造，是不能改变的，那么就要在卫生间与床之间以衣柜或屏风进行隔断，这样就能解决掉卫生间门冲床的不利。

七、卧室安装吊灯

（卧床上方安装吊灯会成为强烈的风水煞气。）

在生活中，经常有一些人把卧室装修得非常豪华，在卧室天花板上装上漂亮的大吊灯，而且正好位于卧床的上方。这将直接影响人的潜意识。尤其是当睡眠渐渐来临，人的潜意识逐渐失去防护的时候，悬吊在床上的吊灯会使潜意识感到紧张不安，增加人心理压力，影响内分泌，进而引起失眠、噩梦、呼吸系统疾病等一系列健康问题。

因此，最好不要在卧床上方安装大的悬垂灯具，而要安装吸顶灯具，而且灯具应安装在整个房间棚顶的中心。

吸顶灯可以避免那种大型吊灯造成的压迫感，给人轻快、无压力的

感觉。

　　另外，在天花板四周安装嵌入式小圆灯，或者配合使用床头壁灯、床头柜台灯、落地灯，都可以营造卧室温馨、浪漫、舒适的感觉。

第四节　卧室设计的要点

　　卧室设计首先应考虑的是舒适和安静，注重实用，其次才是装饰。具体应把握以下几个设计原则。

一、卧房格局要方正

　　卧房格局的好坏对主人的婚姻感情影响非常大，选择方正的卧房格局，可以让感情发展更为平稳坚固，且感情也会呈现中庸的状态，不会太过也不会不及，双方会处在一种平等且和谐的关系，对感情有着理性的思考模式。

　　如果卧房格局是属于狭长形，或其他不规则形状，那么彼此都容易脾气暴躁，缺乏耐性，以致争吵不断。

　　当卧房并非方正格局，那么建议借由物品与环境的布置，让房间"看起来"是一个方正的格局。

二、保证私密性

　　私密性是卧室最重要的属性，它不仅仅是供人休息的场所，还是夫妻情爱交流的地方，是家中最温馨与浪漫的空间。

　　卧室要安静，隔音要好，可采用吸音性好的装饰材料；门上最好采用不透明的材料完全封闭。

　　（有的人家过于追求家庭的情趣，用透明玻璃做卧室与客厅之间的隔断，这种做法并不可取，因为在日常生活中，我们难免会在家中接待朋友与客人，所以要保证卧室的私密性。

　　当然，如果住宅面积很大，有外客厅以待客，而卧室当中隔断出内客厅作为夫妻休闲的空间，整体卧室与外客厅之间各自保持独立，这种卧室内的透明或镂空的隔断可以给居家生活带来浪漫的情调，是有助于增进夫妻情感的。）

三、风格宜简洁

（卧室功能主要是睡眠休息，属私人空间，不向客人开放，所以装修以简洁、舒适为好。）

卧室装修通常也无需吊顶，墙壁的处理越简洁越好，一般刷乳胶漆即可，床头上的墙壁可适当做点造型和点缀。

卧室的壁饰不宜过多，还应与墙壁材料和家具搭配得当。

四、色调、图案应和谐

卧室的风格与情调主要不是由墙、地、顶等硬装修来决定的，而是由窗帘、床罩、衣橱等装饰决定，它们面积很大，它们的图案、色彩往往主宰了卧室的格调，成为卧室的主旋律。

比如墙上贴了色彩鲜丽的墙纸，那么窗帘的颜色就要淡雅一些，否则房间的色彩就太浓了，会显得过于拥挤；若墙壁是白色的，窗帘等的颜色就可以浓一些。窗帘和床罩等布艺饰物的色彩和图案最好能统一起来，以免房间的色彩、图案过于繁杂，给人凌乱的感觉。

五、使用要方便

卧室里一般要放置大量的衣物和被褥，因此装修时一定要考虑储物空间，不仅要大而且要使用方便。床头两侧最好有床头柜，闲来放置台灯、闹钟等随手可以触到的东西。有的卧室空间很大的话，还应考虑到梳妆台、书桌的位置安排。

六、灯光照明要讲究

尽量不要使用装饰性太强的悬顶式吊灯，它不但会使你的房间产生许多阴暗的角落，也会在头顶形成太多的光线，躺在床上向上看时灯光还会刺眼。最好采用向上打光的灯，既可以使房顶显得高远，又可以使

光线柔和，不直射眼睛。除主要光源外，还应设台灯或壁灯，以备起夜或睡前看书用。另外，角落里设几盏射灯，以便用不同颜色的灯泡来调节房间的色调，如黄色的灯光就会给卧室增添不少浪漫的情调。

七、避开电器的辐射

随着生活水平的提高，不仅客厅、厨房里的家用电器越来越多，卧室里的家电种类也越发多了起来。这些家电在赋予卧室休息之外更多功能的同时，也会给居住者带来意想不到的伤害。

家用电器既带给我们生活上的便利，也带来了越来越多的电磁辐射。电视、电冰箱、电脑、手机等在工作时，会对周围的环境产生电磁辐射，电磁辐射也可以说无处不在。当电磁辐射超过一定强度时就构成了"电磁污染"，会使人头疼、失眠、记忆衰退、视力下降、血压异常等。

卧室的电视机不可将其摆置于床前正方向。应考虑放在面对户门的左手边位置。同时要注意保持人与电视的安全距离。

第五节　卧室要合理使用色彩

色彩在卧室的设计中起着重要作用，是不容忽视的。

人们的大部分时间都是在卧室中度过的，布置一个温馨雅致的卧室，会使人更容易进入梦乡。

一、色彩搭配

卧室色彩一般以墙面、地面、家具的色彩为主调。比如，墙是以绿色系列为主调，房间的布艺织物就不宜选择太多的暖色调了。

浅亮的色调能使空间更具开阔感，使房间显得更为宽敞；深暗的色

彩则容易使空间显得紧凑，给人一种温暖舒适的感觉。鲜艳的色彩能使人心情变得振奋、欢快；而深沉的色彩则容易给人一种庄重压抑的感觉。

　　另外，鲜艳的色彩在强烈的光线下一般会显得更加生机勃发，能够补偿室内光线的不足，因而可以用在朝北或者光线不足、显得阴冷的房间内，以增添房间的温暖感觉。而冷色则能给予人一种清新凉爽的感觉。对同一空间既运用冷色也用暖色进行色彩搭配时，要注意色彩比例的协调，才能营造出和谐的整体色彩效应，不至于显得杂乱无章。

二、色彩宜淡雅

　　用不同的颜色装饰房间，会给人不同的视觉感受。一般说来，失眠者卧室的墙壁应以淡蓝、浅绿、白色为佳，这样会给失眠者以宁静、幽雅、舒适的感觉，使人睡意更浓。若能将窗帘、壁画、床罩及被褥也配成淡绿或淡蓝色则催眠效果更佳。反之，卧室的墙壁若涂成橘黄色，挂红色窗帘则会使失眠者难以入睡。

三、色彩要与年龄、性格相符

　　卧室的色彩在空间的搭配上，应是一门独到的学问。不同的色彩组合，对欢喜、兴奋、烦躁、忧郁、沉闷等心情变化都有直接影响。

　　卧室的墙面尽可能不用玻璃、金属与大理石等材料装饰，而应使用油漆或涂料。既可避免睡卧时气能被反射，又利于墙体呼吸，并且颜色应柔和，能够令人感觉平静，有利于休息。卧室不宜采用白色大理石，否则会有空虚和不实在的感觉，也会令人产生寒冷的幻觉。

　　把色彩引进室内空间时，除了要了解色彩的组合外，也需要考虑不同年龄的家庭成员对不同色彩的接受与排斥，不可一味地依照自己的主观意识独断专行，因为每个人对色彩的喜好会随着年龄的增长而改变，对不同的色彩也有不同的感受。暖色系，如红、橙、黄等，能表现出一个人积极的个性，会给人一种活跃、明朗、欢愉、热情的感觉。冷色系，

如蓝、蓝紫、蓝绿等，能表现出一个人消极的态度，会给人一种优雅、平和、淡泊、神秘、沉默、冷静的感觉。而绿、紫，则能表现出一个人中庸的性格。明亮的色彩坦率活泼，幽暗的色彩有神秘感，艳的色彩奢华耀眼，素净的色彩含蓄淡泊且朴实。因此，在选择主卧室的色彩时，必须根据主人的性格而挑选适合的色彩。

第六节　卧室照明设计

灯光，是空间设计的魔术师。在不同空间，灯光设计的侧重点又都有所区别。

一、灯光要柔和

卧室是一个私密的空间，在此也可以增进许多情趣，不过若卧室四周密闭，没有窗户可让阳光照射进来，或是光线过于昏暗，都容易导致

彼此之间有越来越多误会无法化解，以及不愿相互吐诉心事的倾向。建议选择有窗户且可让阳光洒入的房间当主卧室，对感情稳定度有正面的帮助，而选择柔和自然的灯光、造型简单的灯饰，能减缓双方相处时的压力。此外，若是卧房无窗，则可挂上有窗子打开的图画以表象征。

二、普通照明

普通照明供平时起居使用，通常为室内的主灯，它可以把室内的灯光提升到一定的亮度。但作为卧室灯光，不应过亮或是过白，亮度还是保持柔和最为适宜，最好选用暖色光的灯具，这样也会使卧室感觉较为温馨。

三、局部照明

除普通照明外，卧室内还应设置相应的局部照明。

通过设置台灯和壁灯可以达到局部的照明效果。

在床头设置床头灯，可以方便阅读。既然是睡前帮助阅读的灯光，就要有适当的安排，因为灯光过强或是不足，都会对人的视力产生不良的影响。

因此选择这种灯具时，要注意避免产生眩光和阴影，而且一定要有合理亮度来避免视觉疲劳，理想的阅读灯光应比视线略高。

梳妆台和衣柜上也可设置简单的灯光，可以方便整理妆容。

四、装饰照明

巧妙地设置落地灯、壁灯或是小型的吊灯，可以起到较好的装饰效果。

壁灯宜用表面亮度低的漫射材料灯罩，这样可使卧室显得光线柔和，利于休息。

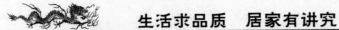 

孩子的卧室往往是充满童趣的，而各种可爱的装饰性小灯具，肯定会让孩子更加喜欢。就算是孩子怕黑不愿关灯，这些小灯具也能帮上忙。它们所散发出的柔和灯光，让孩子睡得很香。

第七节　卧室家具选择

一个温馨而舒适的卧室环境，能让我们的睡眠更加香甜，其中卧室家具的选择学问不少。

一、造型

一般来说，卧室家具在造型设计上要平淡中见端庄，体现宁静亲切的感觉，比如简洁、明快、大方的造型，而且最好使卧室家具整体形成一种系列感，比较和谐顺畅。

卧室里的家具最忌造型繁复、风格迥异，给人以杂乱无章的感觉，这会影响主人的财运，也不利夫妻感情的和谐。

二、尺寸

卧室家具的尺寸要适度。

一般来讲，卧室的家具根据主人的身高而有所差别，但总体来说，要以低、矮、平、直为主。衣柜的高度一般要控制在两米以下。

三、色彩

家具的色彩在整个房间色调中所占的地位很重要，对卧室的装饰效果起着决定性作用。

在考虑卧室家具色彩时，首先要对各种颜色所代表的视觉语言和装饰效果有所了解。

例如浅色家具，如浅灰、浅褐色，可使房间产生宁静、典雅、清幽的气氛，而且能扩大空间感，使房间更明亮。

中等深色家具，如黄色、橙色，色彩较鲜艳，可使房间显得活泼明快。

此外，还要根据个人爱好综合考虑，更要注意与房间的大小、室内光线的明暗相结合，并且要与墙、地面的色彩柜协调，但又不能太近，不然没有相互衬托，也不能产生良好的效果。

四、床垫要舒适

选用软硬适度的床垫，才能提高睡眠质量。好床垫有两个标准：一是人无论处于哪种睡眠姿势，脊柱都能保持平直舒展；二是压强均等，人躺在上面全身能够得到充分放松。

第八节　卧室床位摆放

床是卧房内最重要的家具，是人们休息睡眠的场所，它的摆放以及与其他家具的搭配都是很有学问的，对人的运气影响很大。

正确的安床，不仅可以提高睡眠质量，防止噩梦的发生，还能极大地提高人的运气。

一、忌床头无靠

睡床是用作休息、睡眠，积累气运的地方，所以床位的安置一定要符合风水原则。

　　床头一定要靠墙摆放，人睡觉时也要遵循头实脚空的原则，这样就符合风水"后实前空"的原则。

　　如果床头没有依靠，会让人缺乏安全感，而且这种风水上的不利格局，时间一久就会感应到人的运气，使人健康受损，在生活与工作当中无依无靠，处处碰壁。

二、忌横梁压床

（横梁压床，感情与事业都会容易遭遇挫折。）

　　有一些户型，因为设计的原因，会出现横梁压在床上方的情况。

　　如果在买房的时候，发现卧室的床如果正常摆放的话，躲不开横梁压床，就不能买这样的房子。

　　如果是租房，遇到这种格局，一定不能贪图租金便宜而住进这样的房间。因为住进去之后，不但健康受损，事业方面也会出现种种困难，

结果造成的损失要比省下的几个租金多出几倍了。

横梁压顶，是风水当中很严重的煞气，所以在租房、买房时要非常重视这个问题。

三、忌橱柜压床头

（床头橱柜压顶是不利的风水格局。）

有些人家为了利用空间，会在床头上方的墙上设计橱柜，摆放衣服、或者摆放装饰品，但床头上方橱柜压头顶，是不利的风水，代表生活中产生麻烦给人带来压力。

床头上方以简洁为好，可以挂喻意吉祥的书画，比如九鱼图、富贵牡丹图等，但不能挂诸如猛虎图、飞鹰图等凶猛动物，或者搞怪的恐怖图画。

四、忌床前方有高柜压迫

（床前高柜威压，是不利的风水格局。

床前一块空地，是风水中的明堂位，应以简明、宽敞为好。）

在床的正前方，一般是家居卧室的过道，多数人家会把在室内看的电视安排在这面墙上，电视不宜过高，而应以半坐在床上时，与视线相平为佳。

另外，有些人家卧室较为宽敞，并且不习惯在卧室看电视，所以就会把床正前方的一面墙做成整体衣柜，结果衣柜就形成了风水格局当中前方出现的高山，对床位形成压迫感，形成前山后水的败运格局。

我在实际勘察家居风水时，常常遇到破财家运、或者夫妻离婚的家运，都会有这种不利的风水格局。

所以，在设计、装修卧室之前，多学习一些风水原则，是非常必要的。

五、忌床与家具右高左低

（卧室家具摆放忌右高左低。

如果客厅、卧室、或其他房间有三处都出现右高左低的家具布局情况，三处效力叠加，就会造成居家阴阳气场失衡，可能引发外遇、分居、离婚。）

这是指卧室里面床、桌、衣柜的整体摆放，形成床头靠墙，床前有空间，左侧摆放高大的衣柜，右侧摆放低一些的桌椅，这样就能形成后方玄武有依靠，前面有小块明堂旺财，左侧青龙扬首，右侧白虎低伏的吉祥格局。

如果家具违反了这个摆放的原则，形成右高左低，那么相当于家中阴盛阳衰，不利于男主人的发展，其实对女人主也不利，因为女子属阴以柔为主，如果过于刚强，女主的婚姻也不会幸福。

当然，像这种卧室家具右高左低的情况，我们专业风水师在实地戡察家居风水时会经常遇到，但如果这个家庭其他方面的家具布置基本符合风水格局，只有这一种布置不利，那么这种不利的影响就会很轻微，如果类似的单项不利格局出现三处以上，就会形成叠加的不利效果，这个时候，就特别容易出现明显影响主人运气的事情了。

（卧室家具摆放左高右低才合乎吉祥风水格局。）

后实前空与左高右低，才能形成风水阴阳相合的局面，才能形成夫妻恩爱的卧室风水，如果风水格局都反过来，就会对夫妻的婚姻产生明显的不利影响了。

六、忌房门或厕门冲床

（卧室门冲床，可能不利健康与婚姻，若再有大门冲房门或大门冲厕门，容易有伤灾、手术、流产之事。）

冲者主散，卧室门或卫生间门如果冲到了床，会形成十分不利的风水。

这种风水，对未婚的人来说，会因为各种原因，难以结婚成家；对于已婚的人来说，轻者长年分居，重者离婚。

七、床垫不宜过软

床垫的选择十分重要，忌选太软的床垫，尤其对于正处在成长期的青少年来说，在身体发育的阶段睡过软的床垫，时间一久，就会造成脊柱弯曲，对于成年人来说，过软的床垫，睡久了会影响血液循环，使人疲劳而容易生病。

现代人用弹簧床垫比较多，如果床垫弹簧的质量不好，发生变形、塌陷，就会影响人体的健康。

八、床下不宜堆放杂物

很多人喜欢将一些平时比较少用的破旧东西，打包装起来，然后统一放在床底下，认为可以节省空间。

没有用、或者长期不用的杂物，放在床底下就会形成煞气，时间久了，会影响人体内脏器官的健康，尤其对肺、肠胃功能影响较大。

另外，从已知的科学知识来讲，因为床底因堆放杂物而不能经常打扫，会布满灰尘，在南方湿热地区，更会滋生各种各样的害虫病菌。想象一下，每天睡在一堆垃圾上面，受到的影响日积月累，对健康是何等不利！

孕妇的床下，更不可以堆放旧物，否则对胎儿的健康有不利影响。

第九节　床上用品的选择

一、如何把握质量

选购床上用品首先要看外观。

质量好的床上用品，纹路清晰，印花饱满，布面细腻，不会有纹路模糊、印制粗糙的感觉。

宜选颜色较浅或色调自然的床品，因其不易掉色。

然后是闻气味。质量好的产品气味一般清新自然，无异味。

再者是摸质地。接触皮肤的用品尽量选用纯棉或亚麻的，避免使用合成材料。好产品手感舒服细腻、有紧密度，摸上去没有粗糙之感。

二、床上用品的颜色风水

在卧室中卸下所有的劳累，躺在舒适的床上进入甜蜜的梦乡是一件非常惬意的事情。

舒适的床品成为梦乡的主要制造者，它贴身的面料、优雅的图案散发着温馨的味道，躺在其中仿佛一场心灵的回归。

但是，不同的床品颜色会因为五行属性不同，而对人的心理、健康、运气产生不同的影响。

1. 不同颜色寓意不同

绿色五行属木，有生命气息，色彩介于冷暖色中间，象征着和睦、宁静、健康。

红色五行属火，代表着热烈、激情。

紫色五行属火，代表高贵、神秘、优雅。

粉色五行也属火，体现娇嫩、活力、青春。

橙色介于红黄之间，有火土双重属性，象征着欢欣、热烈、温馨。

黄色五行属土，明亮温暖，给人快乐、希望、智慧的感觉。

白色五行属金，为冷色系，多数代表纯洁，与其他色彩搭配常有更好的效果。

黑色五行属水，为冷色系，有神秘感、性感、肃穆，少量合适的黑色搭常会带来意外的效果。

蓝色五行属水，代表凉爽、清新。

2. 根据命理五行喜忌选择色彩

在选择床罩的颜色时，最好先分析一下八字，选择对自己最有帮助的五行色彩来作为主色。我们八字当中的喜用神的五行，是对我们运气提升最有帮助的五行，这种喜用神的五行，可能是一种，也可能是两三种。

根据我们喜用神五行来选择对我们有利的色彩作为主色彩，可以有

一种主色，也可以有两三种主色。在购买床罩时，选择由这些色彩组成的图案与花色，可以对自己的运气起到增益的作用。

　　同时，最好避免自己命理忌神的颜色，因为过多的忌神颜色出现，会增加对自身运气的不利。

　　（绿色五行属木，命理喜用神为木的人，选用绿色可以增加自身的运势。）

　　（红色五行属火，命理喜用神为火的人，选用红色可以增加自身运势。）

（黄色五行属土，命理喜用神为土的人，选用黄色能增加自身的运势。）

（白色五行属金，命理喜用神为金的人，选择白色能增加自身的运势。）

（黑色五行属水，黑白点缀的图案，白色为金，黑色为水，金水相生，命理喜用神为水的人，选择此类图案能增加自身的运势。）

3．根据年龄来选择色彩

老年人的居室宜用浅橘黄色的床罩，可以诱发食欲，有助于钙质的吸收，还可使人精神振奋，心情愉快。或者选择蓝色，有助于减轻头痛、发热、失眠等症状。

青年人可以选择明快、清新的色彩搭配，可以在一天的劳累之余通过色彩的调节达到更好休息的目的。

小孩子的床罩色彩、图案以活泼为主，可以调动孩子快乐成长的天性。

4．根据性格选择色彩

性格不稳，容易急躁的人，居室宜用嫩绿色床罩，以便使精神松弛，舒缓紧张情绪。

性格过于内向，不活泼的人，可以选择明快的颜色，比如红、橙、

粉、白几种色彩搭配出来的图案。

容易发怒的人宜选淡蓝色，有利于情绪的稳定，因为淡蓝色能使人的肾上腺激素分泌减少，从而让人冷静下来。

一般而言，床罩的颜色以淡雅的色彩居多。

金黄色易造成情绪不稳定，所以，患有抑郁症的人不宜用金黄色。

5. 根据健康状况选择色彩

紫色可维持体内钾的平衡，有安神作用，但其对运动神经和心脏系统有压抑作用，所以心脏病患者应慎用紫色床罩。

靛蓝色会影响视觉、听觉和嗅觉，可减轻身体对疼痛的敏感度。术后伤口正在恢复的患者可以选择靛蓝色的床罩以及其他家居用品，或者干脆将房间刷成靛蓝色。

6. 根据卧床方位选择色彩

卧床在东方位时，东方五行属木，床罩颜色宜选绿色、蓝色。

卧床在南方位时，南方五行属火，床罩颜色宜选绿色、淡红、粉色。

卧床在西方位时，西方五行属金，床罩颜色宜选橙色、黄色、白色。

卧床在北方位时，北方五行属水，床罩颜色宜选蓝色系列。

根据方位选择色彩时，是通过色彩的五行增加这种五行的力量，所以，这种方法最好结合人的命理八字，用命理八字喜用神五行的方位与颜色来提升人的运气。

第十节　卧室衣橱的布置

衣、饰是人们在生活中必不可少的物品，而衣橱则是用于储放衣物、饰品的主要家具，自然也是卧室布局中的重要环节之一。

一、浅色衣橱带来明亮空间

（墙体衣橱。

依靠墙体，做一间整体衣橱，配上玻璃推拉门，这样的衣橱可以让卧室空间显得整洁有序。）

明亮的居住空间，才能给居住者带来好心情。

卧室衣橱的选择和布局，可以根据卧室的朝向方位而定。

如果卧室门窗朝北，采光和通风较差，最好选用浅色系的衣橱。

衣橱应尽量摆放在墙角阴暗处，不要摆放在窗户或者卧室门旁边，以避免衣橱遮挡光线，让卧室变得更阴暗。

如果卧室采光通风很好，衣橱色调上则没有过多讲究，但是最好不要选择表面镶嵌太多反光金属和玻璃的衣橱。

二、衣橱应离床较远

安置衣橱时，最好离床位有一段空间距离，一来可方便居住者起居

生活，上下床时避免磕碰；二来是床的四周不宜存在带有压迫感的物品，这样在床上休息的人才能身心舒畅。由于衣橱外形高大，不宜紧贴床位摆放，以免在卧室主人休息时形成压迫感对其生活休息不利，从而影响身心健康。

三、长方形卧室衣橱摆放

如果房间的格局呈长方形，且长度比较长，可以考虑将衣柜靠短的那面墙体摆放，这样不仅使卧室长度方向的空间得到充分的利用，同时也会使房间看起来更加符合常规格局。

一般在这种格局中，睡床的床头通常也是靠短的墙体摆放，此时，衣柜更适合摆放在靠近床尾的那边短墙，睡床与衣柜整体搭配起来可更有效地化解长方形空间的不足。

四、狭长形卧室衣橱摆放

对于房间狭长的卧室，可在卧室长度方向适当的位置设置一道轻体

墙，将床头靠这面墙摆放，而衣柜则摆放在墙后，以此形成相对独立的更衣间。

五、正方形卧室衣橱摆放

对于格局是正方形或者接近于正方形的卧室来说，将衣柜的位置设定在床的一侧是最常见的形式，同时在床和衣柜的中间留出一人位走道的空间，这样既方便了上下床，同时也能很方便地开关衣柜门，让日常生活更加便捷。

第十一节　卧室梳妆台的布置

梳妆台是卧室那一处美丽的角落。

女人对于梳妆台总有一丝说不清的情愫，少了梳妆台的家似乎就缺少了一份优雅和柔媚的感觉。

小小梳妆台的布置也有颇多讲究，究竟如何布置才符合风水原则呢？

一、忌设置在洗手间里

很多人为了使用方便，会把梳妆台设置在洗手间内，或是直接利用洗手间内的柜架当梳妆台，这都是败运的风水。

梳妆台对女人来说，代表自身的健康、财运与夫运，对男人来说，梳妆台的风水就代表自己妻子的运气，也代表自己与妻子的情感，所以梳妆台不能放安置在洗手间当中。如果安置在洗手间当中，时间一久，不但妻子的运气会变差，更会影响夫妻感情。

洗手间是人们清理与排泄废物的地方，是秽气聚积与排放之地。梳妆台如果摆设在洗手间内，时间一久，会让自身变得风流任性，夫妻都有外遇，同时还会使自身因为健康问题而破财。

二、梳妆台忌被门冲

梳妆台摆放的位置很重要，不能被卧室门冲、不能被阳台门冲，也不能被卫生间的门冲。

摆放的时候，梳妆台要靠着一面墙体，如果室内有隔断的屏风柜，以屏风柜做靠山也可以。

梳妆台在风水中代表夫妻感情。对未婚的女子来说，代表自己的姻缘。如果梳妆台被门冲，说明自己的姻缘被冲散，未婚的难以得到稳定的情感，不想成家或者找不到可以成家的对象，已婚的夫妻感情容易被意外事件破坏，造成离婚。

三、梳妆台忌对床

梳妆台必定是有镜子的，如果梳妆台对床，就会形成镜子照床的不利情况。

因为镜子的映像作用，镜子对床后，容易使人们在夜间醒来时受到镜子当中影像的影响，会导致一些气场不稳的人做噩梦、精神欠佳；从风水上讲，由于镜子的反射作用，即使在微弱的光线下，也会造成人睡眠时的气场散乱，使人的气运变衰。

如果因为卧室太小的原因，只能把梳妆台对床摆放，我们可以采用特殊结构的梳妆镜。有些梳妆台在镜子部分有两扇门作装饰，在不需要

使用镜子时，可将其关闭，使用时才打开。使用这种梳妆镜，无论怎样安放，也不会有镜子照床的情况了。

四、梳妆台宜与床平行摆放

（梳妆台与床头平行摆放。）

（梳妆台避开床正面，与床平行摆放。）

　　梳妆台最好的摆放位置其实是与床头并列靠墙摆放，这样的话，梳妆台与床的朝向一致，自然就不存在镜子照床的问题。

　　有些人家，因为卧室面积的原因，把梳妆台摆放在床的对向墙，并与床错开摆放，这样虽然避免了镜子照床的问题，但常常会被卧室的大门冲到，形成对婚姻情感不利的风水，这是要注意的。如果卧室的面积较大，遇到这种情况，可以在卧室门内摆放一个屏风，就可以避免梳妆台被门冲。

第十二节　卧室装饰品的宜忌

　　卧室是人们休息的主要场所，卧室装饰的好坏，直接影响到人们的生活、工作和学习，好的装饰可给人带来好的运势，但也有一些不利的装饰禁忌需要多加注意。

一、卧室吉祥装饰

　　在卧室悬挂、摆放吉祥饰物会增添喜气，带来财运。

（福禄寿三星摆件。）

一般来说，福禄寿三星、九鱼图、牡丹花、孔雀开屏等吉祥饰物或图画，是适合每个家庭的。其栩栩如生的造型，不但可为住所带来吉祥之气，还可以点缀家居环境。

（九鱼图。）

（牡丹花。）

在卧室摆放一个漂亮的花瓶，再插上美丽的鲜花，对人的心理、生理都大有裨益。花瓶可提运，插满鲜花的花瓶更可增加人缘和活力。在卧室摆放鲜花，可以兼备开运与欣赏的双重效果。香水百合能散发出香气，代表好运，能增进夫妻感情，给未婚者带来好的缘分。

二、卧室装饰的禁忌

1. 卧室内要尽量选择没有反射作用的装饰品，如挂毯、吉祥画等。

2. 卧房的床头位不宜放置裸女图片、性感雕塑、芭比娃娃等。

3. 猛兽图画、神像、圣像、牌位、经书等也不宜放置在卧房内。

4. 卧室不宜摆设刀剑、凶器等破坏卧室祥和气氛的装饰品。

5. 卧室光线不宜太强，因为床是安静之所，强光会使人心绪不宁，所以室内最好用柔和的白炽灯来照明，尽量少用阳光灯作为卧室的主光源。

6. 卧室不宜用太鲜艳的红色装饰。过多鲜艳的红色，会令人精神亢奋，并有造成神经衰弱的可能性，长期下来容易精神不济，心情烦闷。卧室适于营造放松和缓的气氛，使用能令人平静舒适的颜色最恰当。

7. 卧室应少放金属类物品。建议居者尽量避免在房间里放置太多的金属类物品，因金属类的东西色调较冷，太冷的东西不适合卧室温馨的氛围。

8. 卧室摆放一两盆花或者花瓶插花即可，不宜摆放过多的植物，并且花草与床的距离不宜太近。花草性冷属阴，植物晚间进行反光合作用，过多的花草不但与房中人争吸房中的氧气，吐出的二氧化碳还让人体吸收，对人体的磁场运作及身体健康都有不良的影响。

第十三节　卧室植物摆放宜忌

卧室追求宁静、舒适、放松的氛围，在卧室里放置植物，如果植物的种类选择正确的话，确实可以起到提升休息与睡眠质量的作用。

那么，哪些植物适宜摆放于卧室，哪些植物不适宜摆放于卧室呢？

一、适宜卧室摆放的植物

　　由于卧室中摆放了床铺，余下的面积往往有限，所以应以中小盆或吊盆植物为主。

　　另外，由于植物在白天的时候，通过光合作用吸收二氧化碳，释放出氧气，而在夜间没有阳光时，却会吸入氧气，排出二氧化碳，所以，如果在卧室当中，不宜摆放过高、过大的植物，因为过于高大，或者过多的植物会在夜间减少室内的氧气，增加对人体不利的二氧化碳。

　　如果卧室是带阳台的，那么大型的观赏植物一定要摆放在阳台上，并且在要保持阳台的通风换气。而在卧室内部，只宜摆放少量、小型的观赏植物或插花。

（茉莉花。）

（风信子。）

　　茉莉花、风信子等能散发香甜气味的植物，可令人在自然的芬芳气息中酣然入睡。

（君子兰。）

（黄金葛。）

（大岩桐。）

（文竹。）

（开运竹。）

（盆养迷你睡莲。）

君子兰、黄金葛、大岩桐、文竹、开运竹、睡莲等植物，具有柔软感，能松弛神经。

卧室植物的培养物可用水培来取代土壤，以保持室内清洁。

二、不宜摆放在卧室的植物

有一些花十分漂亮，但只适合摆在通风的客厅、窗台、或阳台，这些花对美化家居环境可以起到很好的作用，只是我们要注意不要把这类花摆放在卧室就好了。

（月季花。）

月季花所散发的浓郁香味，会使过敏体质者感到胸闷不适，喘不过气来，所以如果主人呼吸系统功能较弱的话，就不宜在卧室摆放月季花，但可以摆在客厅、窗台、阳台等通风的地方。

（兰花。）

　　兰花散发的香气如果让人闻得太久，会导致过度兴奋并引起失眠，所以兰花最宜摆放在客厅或书房，可以起到让人神清气爽的作用，有利于高效率的工作。

（紫荆花。）

人如果长时间接触紫荆花的花粉，会诱发呼吸道疾病，所以，对花粉过敏的人，不宜在卧室摆放紫荆花。

（夜来香。）

夜来香晚上能散发强烈刺激嗅觉的微粒，不宜久闻，有高血压或心脏病病史的人更要特别注意。

夜来香最宜摆放地的点是客厅的阳台，夜晚的时候，在阳台上站一会儿，远眺夜景，花香醉人，最是怡情。

（郁金香。）

　　郁金香的花朵含有一种毒碱，人若是接触过久，会加快毛发脱落，所以，这种鲜艳夺目的花，只宜观赏，不宜触摸。

（洋绣球花。）

　　人如果长时间接触洋绣球花散发出来的微粒，会出现皮肤过敏或发生皮肤瘙痒。对于一些皮肤抵抗力弱的人来说，不宜在家中摆放洋绣球花。

（盆栽松柏。）

　　松柏类花木散发出的气味对人体的肠胃有刺激作用，久闻会影响人的食欲，对孕妇的刺激则更为明显。

　　松柏类的花，不宜摆在卧室或餐厅，而宜摆放在客厅、书房、办公室，可以起到宁神定志的作用。

（含羞草。）

　　含羞草也和郁金香花一样，人若是接触过久，可致脱发。

（盆栽豹皮花。）

豹皮花所散发出来的气味容易使人头晕，所以不宜摆在卧室当中，如果喜欢的话，最好摆放在阳台上。

第十四节　卧室地毯的选择

在床边铺上一小块地毯，清晨下床就会让双足享受温暖。而小块地毯的作用其实很多。

一、五行调节作用

通过地毯颜色的五行，选择可以增加我们所需要的五行能量的色彩，对旺运会起到一定的提升效果。

（绿色地毯五行属木。

对于命理木五行弱的人来说，一小块绿色的地毯就可以增加木五行的能量。

绿色的地毯配上红色的沙发，就会形成木、火相生的五行格局，对

于命理缺火或者火五行过弱的人会有很好的补益旺运作用。）

（红色地毯五行属火。

如果居家主人生在冬天，命理火弱，可以用红色地毯来增加火五行的力量。

如果命理当中有旺木克弱土的组合，就容易形成先天脾胃功能差，容易拉肚，或者易得皮肤病，或者容易经常出现外伤，在家中铺一块红色地毯，就能起到用火五行化木生土的通关作用，明显减轻不利。）

（黄色地毯五行属土。

一般春天出生的人，因为木克土的缘故，最容易出现土五行偏弱的情况。土五行过弱或者受克，人就容易消瘦，肌肉不丰，除了加强锻炼、增加营养，风水上可以通过黄色来增加土五行的力量。）

（白色地毯五行属金。

夏天出生的人，命理容易出现火五行过旺的情况，火旺克金，所以金五行容易受伤，导致人的呼吸系统功能不好，容易患上鼻炎、气管炎等慢性疾病，久治不愈。

我们可以通过饮食、医药、锻炼等方式来增加体质，还可以通过风水来增加金五行的气场。

白色的地毯可以增加居室内金五行的能量。

适当的白色搭配，可以使居室具有明亮、舒适的视觉效果。）

（黑色地毯五行属水。

黑色在家居装饰当中很少单独应用，一般都要结合其他的色彩才能形成独特的风格。

在家居当中，上部用亮丽一些的色彩，而地面采用深色，会形成比较稳重的风格。

如果居家主人命理水五行过弱，采用黑色的地毯就能增加水五行的能量。）

一块地毯虽小，似乎作用有限，但当我们留意家居中的风水细节时，多处细节的风水调整综合起来，就能以合力的作用体现出强大的整体旺运效果。所以，不要小瞧对地毯色彩五行的选择哦。

二、带来卧室宁谧氛围

地毯有着紧密透气的结构，可以吸收及隔绝声波，有良好的静间、隔音效果。

三、净化室内空气

地毯表面的绒毛可以捕捉和吸附漂浮在空气中的尘埃颗粒，能有效改善卧室的空气质量。

当然，地毯这种吸附灰尘的效果会使自身藏污纳垢，所以要经常用吸尘器清洁。

四、保护人体免受磕碰

地毯是一种软性铺装材料，有别于如大理石、瓷砖等硬性地面铺装材料，家中小朋友玩闹时可以避免磕碰，防止意外的损伤。

五、美化卧室

地毯丰富的图案、绚丽的色彩、多样化的造型，能美化卧室环境，体现个性。

而且，卧室家具之间、卧室家具与地板之间经常会有色彩和风格的冲突，这时可以选择两者之间的中间色彩来中和过渡，十分方便。

第十五节　卧室的物品收纳

卧室的重要性我们前面已经讲了，并且介绍了各种风水的、实用的、时尚的布局方案，现在最后一个收尾的设置，就是还要搭配一个符合我们生活习惯的物品收纳方案。

把平日经常应用的一些小杂物收纳进床头柜、衣柜和储物箱等处，给自己营造一个看上去有序、整洁的休息、睡眠环境，就要重视卧室的收纳细节。

　　有很多家庭，刚开始把卧室设计得过于简洁，没考虑到实际生活当中要用到各种小件物品，而后生活需要了，就不断添置，结果这些物品没有专门的地方进行收纳，在室内胡乱摆放，最终使居室凌乱，破坏了自己家的风水。

　　卧室的收纳方案追求实用性，强调功能上的灵活度和造型上的美观度，因此简化陈设和清爽、整洁的风格是最适合卧室的收纳方案。

一、床头柜

　　卧室基本的搭配一般会在床边安排一对床头柜，那么我们不妨选择一款带有存储功能设计的床头柜。这样不仅可以用来存储睡觉时要摘下的眼镜，一些就寝前会读的杂志，夫妻恩爱的计生用品，还能在台面上摆放花束、吉祥物，点缀整体空间。

　　对于租房住的人来说，如果租住带家具的住房，一定要重视家具的完整。不怕旧家具，只要家具完整无缺，没有较明显的破损就好。但如果家具破损严重，例如床头柜一个完好，而另一个表层脱落、或者掉门或缺腿，那么最好能说服房东换一对全新的床头柜，或者自己买一对完整的床头柜补上床头柜的位置。因为整对的床头柜在风水当中代表着一

个人的情缘有无、情缘成败。未婚的人谈恋爱、已婚夫妻的情感稳定性，都受这种风水影响。所以，如果床头柜有破损，时间一久，就会引起情感孤单，或情感情变化。

二、床头板简洁

床头板形成床头的依靠。以前的床头板只是起到美观作用，现在也开始逐渐向实用功能转型。

只要加宽床头板的厚度，就可立刻变身成一个放置日常用品的平台。杂志、闹钟或装饰品都能在这里"欢聚一堂"。

从风水角度来讲，这种设计并不好，因为床头是睡觉时头部依靠的地方，在头依靠的方向，最好是平整的床头板、平整的墙面，而不是把床头板设计储物台，也不是把依靠的墙面设计成储物架、柜，因为这种风水格局，会令头部受压，不利健康，也不利事业，时间久了，会引起精神压力大、失眠等情况。

（床头上方设计壁橱，在风水上压住头部，休息、睡觉时头部被压，会令运气变衰。）

（以水族箱做床头板，是一种虽然新奇但却违背风水原则的设计。

水族箱内部中空，虚而不实，动而不静，不能作为床头的靠山，在风水上是"靠山下水"的败运格局，既不利健康也不利事业，更不利夫妻情感的稳定。）

（床头靠墙，有坚实而简洁的依靠，床头板设计简洁、明快，床头上方墙饰简洁、大方，才真正符合风水旺运格局。）

三、床头空间

从风水角度讲，床头上方的墙体空间最好平整、简洁，别做什么花样。可以以粘贴的方式挂吉祥画，但最好别做储物柜之类的东西。

有些人家，为了利用空间，在床头的上方安装收纳展示架，下方则另备收纳箱，这样看起来是美观又方便，多放置常用品、书籍和装饰品等，但实质上，从风水上来讲是非常不利的。

在头部上方设计储物架、柜，会形成重物压头的不利风水，使人运气变衰。即使有些人家把床头的一面墙做成整体柜，并不形成柜架压头，也不好，因为床头的一面墙是靠山，在靠山上做储物柜、架，相当于在靠山上挖洞，破坏了自己靠山坚实的风水，使靠山变得空洞，会不利家人的健康与事业运。

所以，在家居风水当中，既使有一些新奇的创意，也要符合风水原则，如果破坏了风水格局，这些新奇的创意就会使家运败落。

四、床下空间

普通家具和储物功能结合的设计方案，现在已是越来越多了。

在床下面打造抽屉柜，可以用来存储一些过季的衣物。

但床下的储物柜最好是离地悬空的，因为这样可以方便打扫床下的卫生，防止卫生死角的出现，也防止床下成为微生物滋生的地方。

有些人家喜欢在床下方放置一些藤艺储物箱，虽然很实用，但常年不进行清理，结果在卧室当中，床的下面反而成为卫生最差的地方。

五、床四周空间

关于床的收纳方式其实有很多种，除了床头和床下空间外，床边也是不能放过的收纳地段。

如果卧室空间允许的话，在床的旁边一侧打造整排的矮柜用来存储

杂物，同时它还能兼做工作台或梳妆台。

　　收纳关键还是需按照自己的喜好来配置，最方便的其实也是最好的，当然，在设计时要考虑到是否符合风水格局。

六、收纳篮

　　卧室的收纳种类庞杂，不能因为物件小而乱塞，最好是加配一些相应的小道具。在家里备上几个藤条质地的杂物蓝，并排整齐地摆放，常用的小物件都可以在这里分类收纳，方便找到。这样做，既实用又好看。

七、抽屉柜

　　衣柜是卧室收纳的重点，一定要按照各自需要分区放置。

　　在小户型空间里，因为卧室面积小，如果摆放大型衣柜的话，会使室内十分拥挤，使卧室产生压迫的感觉，难以让人处于放松状态。这个时候，可以使用小型衣柜，如布衣柜、组装式的便携衣柜，或者采用灵巧的抽屉柜替代大型的衣柜。这样做起来，既简单又实用，而且还能使

较小的卧室显得宽敞，并能多方面解决卧室本身储物不足的窘境。

（布衣柜。）

（自由组装式衣柜。）

第十一章　家居卫生间布局

卫生间风水在居家中占据重要地位，尤其对人的健康有非常大的影响。

很多重大疾病，都与卫生间风水格局的错误有关。

另外，卫浴间所在的八卦方位，会对该方位对应的家庭成员产生严重不利影响，所以在选择卫生间时，最重要的是先确定家庭成员，然后根据家庭成员的卦位，避开这个方位有卫生间的住宅。

舒适度、温馨感、安全性，是卫浴间设计以及装修的重点。卫浴间的设计应建立在简单、方便与实用的基础上。另外，较好的私密性与良好的排水、通风系统，易于清扫的地面、墙面以及适当的摆挂物品空间也是卫浴间必须考虑的内容。

第一节　卫生间吉凶要诀

卫生间是一个家庭排放污秽的地方。人体是一个循环系统，吸收各种食物的营养以生存，消化变成有益身体的能量后，必定会产生各种有毒的废物，所以洗澡祛污、大小便排毒，是卫生间的功能。所以，卫生间是秽气、污气、煞气聚集之处，它的排放功能对家庭成员的吉凶影响非常大。

对于一个家庭来说，一座住宅的八方八卦方位，都对应着不同家庭人物的运气。

家中的父亲，或一家的男主人，对应住宅西北的乾卦方位。

家中的母亲，或一家的女主人，对应住宅西南的坤卦方位。

长子对应住宅东方的震卦方位。

次子对应住宅北方的坎卦方位，坎卦也是中年男子对应的方位。

小儿子对应住宅东北艮卦方位，艮卦也是未婚男子对应的方位。

长女对应住宅东南的巽卦方位。

次女对应住宅南方的离卦方位。

小女儿对应住宅西方兑卦方位，兑卦也是未婚女子对应的方位。

在明白了八方八卦与家庭成员的对应关系之后，我们就要记住，这些不同方位出现的风水形势，会对与之对应的人产生重大影响。如果该方位风水形势为吉，则与之对应的人平安吉祥，如果风水形势凶，则与之对应的人轻则运衰不顺，重则疾病灾难。

卫生间是风水中的煞气所在，所以对一座住宅来说，卫生间处于什么方位，就会对相对应的人物产生不利影响，令其气运变衰。

举个例子来说，一家四口人，有父、母、大儿子、小女儿。这家人在买房时，买了卫生间处在西北方位的住宅。结果入住以后，父亲开始走衰运，身体变差、事业滑坡，投资失败破财，令一家人陷入长期的困顿。这其中最重要原因，就是因为西北位的卫生间的煞气压住了乾卦位，而乾卦为父、为一家之主，所以入住之后，父亲就开始倒霉了。

那么这一家四口人，买房时应如何考虑卫生间的方位呢？一定要避开父亲的乾卦西北位、母亲的坤卦西南位，大儿子的震卦东方位，小女儿的兑卦西方位，卫生间避开了这四个方位，就可以避免八卦理气的最大风水煞气。

所以在买房时，先考虑到自己的家庭都有谁会长期在此居住，然后与此成员对应的八卦方位一定不能有卫生间，这样就可以避免卫生间方位八卦格局对家庭成员造成的不利，躲开八卦理气最凶的风水。

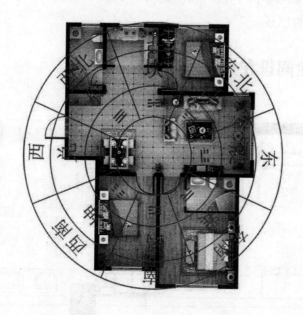

（卫生间在西北乾卦位。

乾卦为天、为君、为男主人、为老公、为事业、在人体为泌尿生殖系统。

乾卦位为卫生间，对家中男主人事业不利；如果家中有老父居住，也会对父亲不利。）

第二节　对家运不利的卫生间格局

除了八卦方位的风水理气之外，还有卫生间的格局风水。

卫生间是家居重要的排污通道，所以会感应到人体的健康方面，尤其是人体负责排泄的肾、泌尿系统、直肠的健康。

卫生间与住宅的其他构造，共同形成了卫生间的格局风水，有一些

格局的组成对家运非常不利，所以建房、买房、租房时，都要避免这类不利风水格局的出现。

一、卫生间设在大门入口旁

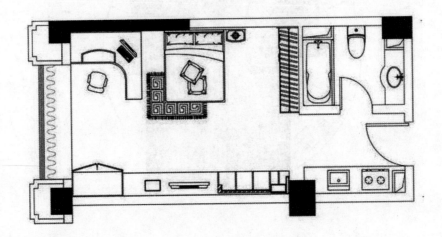

（卫生间在大门入口旁，是不利的风水，使大门纳气受污，宅运衰弱，不利财运；如果是旅店，短时居住尚可，但不宜居家久住。

卫生间门正对厨房也形成不利的风水格局，尤其对情感姻缘不利。

如图，此宅大门正对窗户，谓之穿心煞，主漏财、不聚财。）

卫浴间是污秽的场所，会产生秽气、湿气、煞气，如果卫生间在大门入口旁，开门时卫浴间的不良气体传入屋内，会影响居住者的健康。

几乎所有的住宅，只要卫生间位于大门入口旁边的，基本上卫生间里没有窗户，这类没有窗的卫生间，全靠排气扇来换气通风，换气效果最差，所以这类卫生间的煞气对室内影响也最大。

这种房子，如果是短期租住的廉价旅店还可以，但如果是自己家买小户型，有条件的情况下，最好不要买此类房子。

卫生间不但是个人隐私所在，也会感应到一个人的两性观念，所以

如果卫生间设在住宅的入口处，这样的房子住久了，房主的对于两性方面的道德观念就会比较随便，会不受传统道德观念的束缚。

另外，这类小户型住宅，往往是开放式大单间的类型，也就是说，进入大门，正前方就是房间的窗户，形成门与窗一条直线的格局，大门纳入之气，直接就从窗户直冲而出，是破财的风水格局。

二、卫生间处于住宅中心区域

卫浴间不宜在房屋中部，特别是住宅的中心，因为房屋的中部是住宅的重心，恰如人的心脏，极为重要。

中心受污，秽气极易对流到其他房间。居住其中，天天吸入大量秽气，易得疾病。

从风水的天人感应来讲，中央相当于人体的心脏，此处有卫生间，家人多半会有心脏、血压方面的疾病。

三、卫生间门被大门冲

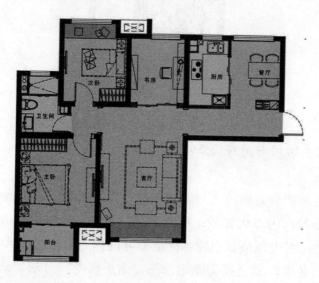

（大门直冲卫生间的不利风水格局。）

卫生间被大门冲，主家中容易出风流事件，因为卫生间为隐私，被冲则为外界所知，所以会有不好的名声。

另外，卫生间代表人的泌尿、生殖系统、性功能，被大门冲，则易患此类疾病。

卫生间被大门冲，住的人无论男女，都特别容易招惹烂桃花。

四、卫生间门不宜与厨房门相冲

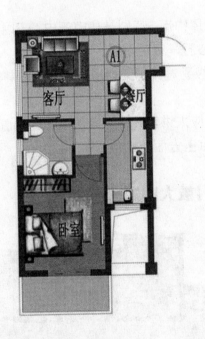

（卫生间门与厨房门正对相冲。）

厨房是饮食之所，五行属火；卫生间是排污之所，五行属水；两者门相对相冲，为水火相战；不利健康，易得心脏、血压方面的疾病。

另外，水火相战、相冲，也是不可调和之象，这种风水格局的住房，住的时间久了，就会损害婚姻情感，造成孤身、分居、离婚等现象。

五、卫生间门不宜冲卧室门

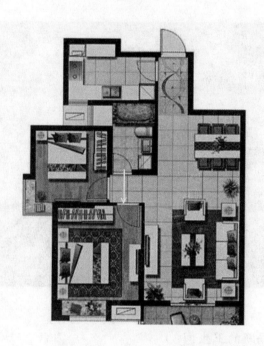

（卫生间门正对卧室门。）

卫生间为排污之所，卧室为休息之处。

如果卫生间门对卧室门，会对主人健康造成不利；而且这种相冲，还会使主人在情感方面不能专一，难以有稳定的情感，并且特别容易招惹烂桃花。

所以，如果想要自己的情感与婚姻稳定，家庭和谐，就要避免租住或购买这种格局的住宅。

六、卫生间用透明玻璃隔断

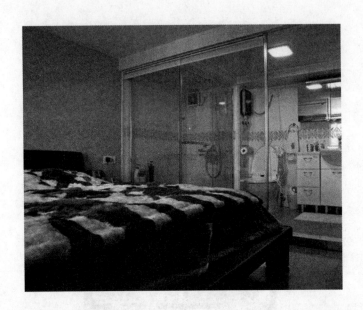

（采用透明隔断的卫生间。）

　　有一些年轻人的卧室，为了追求浪漫，以透明玻璃材料作为卫生间的墙体，这样在上卫生间时，就没有任何隐私可言。

　　虽然说，卧室本来就是年轻人的二人世界，外人也看不到隐私，但其实这种风水格局并不好，时间久了，会感应到两个人对情感不专一，最易引起双方外遇的情况发生。

　　对于婚姻情感来说，这种格局会使情感先好后坏，先成后败。

七、卫生间没有通风窗

（无窗的卫生间一定要安装排风扇。

卫生间是产生废气、煞气最多的场所，所以没有窗的卫生间，煞气会倒流室内，对家运产生较大的不利影响。

实际上，没有窗的卫生间即使安装了排气扇，异味也难以得到很好地排除，所以买房时选择有窗子通风换气的卫生间非常必要。）

（卫生间有窗户才能更好地通风换气。

窗户，是卫生间风水格局当中的必备要素。）

一些建筑因为设计的原因，其中有些住宅的卫生间是没有通风窗的，这是一个很严重的缺陷。

卫生间是一家人大小便产生污秽之气的地方，如果通风换气不畅，使室内臭气、秽气聚集，必然会影响家人的健康。

另外，因为没有通风窗，所以洗浴时造成的湿气也不容易排出，而阴暗潮湿的环境也最容易滋生各种病菌。

再者，对于年纪大的人来说，没有窗户通风，卫生间会氧气稀少，加上洗澡之后的湿气弥漫，很容易使人缺氧、头晕，对年老体弱的人来说尤为严重，所以，在买房时，要考虑到这一点。

解决这一问题的办法是安装强力的排风扇，并且排风扇要经常开动，才能减少湿气和污浊之气。

在日常生活中，尤其是洗浴之后，要及时清理卫生间内的积水，把排风扇多开动一些时间，让其尽快干燥起来。

七、卫生间改建成卧室

现代都市地狭人稠，寸土寸金。有些有两个卫浴间的家庭为了节省空间，便把其中的一间浴厕改作卧室，看似有效利用了空间，实则不然。

因为虽然把自己那层楼的浴厕改作卧室，但楼上楼下却并不是这样，如此一来，自己那层的卧室便被上下层的浴厕夹在中间，对主人的健康与财运很不利。

此外，楼上的浴厕若有渗漏，睡在其下的人便会被殃及，不符合环境卫生之道。

第三节 卫生间环境格局要点

卫浴间是家中最隐秘的一个地方，将其安排妥当极其重要。精心对待卫浴间，就是精心捍卫自己和家人的健康与舒适。

一、卫生间要有窗

卫生间是产生污秽之地，尤其是现代许多人都将厕所与浴室合而为一，使卫生间非常潮湿。如果卫生间设有窗户且经常开窗透气，就不至于使卫生间滋生对人体有害的细菌，也不至于洗澡时还要闻不好的气味。

二、卫生间要通风

卫生间一定要保持通风换气，只有这样，一家人洗浴之后，在墙面、地面形成的水气、湿气才能及时消散。因为水气与湿气最容易滋生病菌。

如果卫生间开有较高的窗户，而且能在一天当中有一些阳光照射的时间，就可以避免阴湿之气过重。

如果卫生间密闭，通风不良，会对家人健康造成不利影响。

如果卫生间无窗，则一定要安装排气扇，将废气抽掉。在使用完毕后，应关上浴室门，特别是套房的浴室、卫生间的门不宜敞开。

三、卫生间灯光宜柔和

一般卫浴间的整体照明宜选白炽灯，以柔和的亮度就足够了，但化妆镜旁必须设置独立的照明灯作局部灯光补充，镜前局部照明可选白光灯，以增加温暖、宽敞、清新的感觉。在灯饰的造型上，可根据自己的

兴趣与爱好选择，但在安装时不宜过多，不可太低，以免累赘或发生溅水、碰撞等意外。

四、卫浴间不宜使用过多红色

卫浴间是属水之地，其颜色也大有讲究，最好能够选择属金的白色及属水的黑色和蓝色，既能突出卫浴间的高雅氛围，也能产生安宁静谧的感觉。

而如果用上诸如大红色等刺眼的色彩，则易产生水火对攻的局面。令如厕者产生烦躁的心理，十分不妥。

五、摆放植物

（一小盆绿色的植物，就能给卫生间带来一点清新与活力。

一般百姓家庭，无论是两房还是三房，卫生间都不会太大，有些人家还要在卫生间摆放洗衣机，并留出一块空地用来日常洗涤衣物，再没有更多空间摆放大盆的植物，并且，大多数人家的卫生间都是兼有淋浴、

洗浴功能，沐浴露或肥皂水会伤害植物，所以把一小盆花放在窗台上，既避开淋浴喷水的伤害，又能点缀环境，这才是大多数家庭最好的选择。）

对于多数普通家庭来说，因为卫生间的面积一般都不大，而且在实际生活当中，卫生间的如厕功能、洗澡功能是合为一体的，所以对于这种小型的卫生间，并不适合摆放植物。

如果是大户型的住宅，卫生间面积比较大，可以摆放喜阴湿忌阳光类型的花木。绿色植物与光滑的瓷砖在视觉上是绝配，会给沉闷的卫浴间带来生机和清新的空气。

卫浴间温暖潮湿如同温室，所选的绿色植物要喜水不喜光，而且占地较小，最好只在窗台、浴缸边或洗手台边占一个小小的位置。

暗卫更适合摆放干花，可以买两只自己喜欢的广口瓶，将干花插入瓶中，每隔一段时间滴几滴香水，香味可以保持一周以上。还可以将鲜柠檬切成片，干燥后放入器皿中置于卫浴间内，可以防霉、除异味。但是，一定不要直接将柠檬片放在陶瓷表面，否则留下的印痕很难清除。

第四节　卫生间的现代布局风格

大部分住宅卫浴空间的面积都不是很大，怎样能在有限的空间里发挥想象力，借调整布局形式，来凸显出个人的风格和品位呢？

一、隔断式布局

（卫生间隔断式布局。）

　　所谓隔断式布局，就是把卫生间内的洗手池安置在进门处，或者在门旁边，或者在进门的对面，洗手池的安排相当于卫生间的明堂。

　　如果卫生间是正方形的，门开在正中，那么中间设置洗手池。然后一边是座便器，另一边是浴缸。如果有可能的话，使用磨砂的半高玻璃隔断洗手池与座便器、洗手池与浴缸。

　　这样一来，卫生间内各个位置的功能区分明确而且互不干扰，非常便于使用。

　　这种设计方式，最适合面积较大或中等的卫生间。

　　对于面积较小的卫生间，能把洗手池单独隔断在外就可以了。

二、套间布局

（卫生间的套间式布局。）

　　所谓套间布局是指把面积较大的卫生间设计成一房一厅的模式。

　　把洗手盆和储物柜独立出来，组合成"外间"，而"里间"就是座便器和淋浴。这样做的好处是干湿分区、功能分区，既减少了潮湿所带来的不便，也减少了高峰期的互相干扰。

三、开放式布局

（以透明玻璃隔断的半开放式卫生间。）

　　现在不少公寓的主卧室里都带有卫浴间，有些人选择将卫生间打造成开放式或半开放式的。卫生间或者完全开放与居室相连，或者通过玻璃、布艺等隔断来略加掩映，做成半开放式。

　　这种类型的卫生间，如果在卫生间区域有窗子通风还好，大小便的气味以及洗澡后的湿气还能及时排除，如果没有窗子，只靠排风扇的话，难以及时排出秽气，会对主人健康造成不利影响。

　　把卫生间做成开放式，在风水格局上，是一种自我招灾的风水。这种对怪趣与怪味的追求会在风水上给自己的健康、心理、情感等方面带来不利的影响。

　　因为居室面积所限，不得已做成半开放式，也要保证及时通风换气，及时清理墙体与地面的污垢，经常进行清洁，保持卫生间的洁净，其实就是一种保护自己不走衰运的最好方法。

第五节　卫生间装修要注意的细节

随着人们生活水平的提高，人们对于卫生间的舒适性与美观的要求越来越高，已成为居家生活高品质的表达重点。

但是卫生间的装修不只是要美观和舒适，还要考虑其安全性。

卫生间地面因为积水，如果防水做不好的话，容易渗漏，楼上的人家渗漏会影响到自家，自家渗漏会影响到楼下，渗水不仅给生活带来困扰，也容易造成墙内电线短路，形成安全隐患。

另外，地面积水、潮湿，也容易打滑，造成人的身体伤害。

湿气较重，卫生间里摆设的用品易受潮，如果有木制的门或柜，时间一长，容易变形。

卫生间是水、电、气线路比较集中的地方，所以防水、防腐、防锈非常重要。

总的来讲，卫浴间的装修要注意以下细节。

一、吊顶要防水

卫浴间的顶部防潮最重要，其次是遮掩。

因为如果楼上的人家卫浴间防水做得质量不好的话，容易渗露到自家，给生活带来极大麻烦。

在卫生间的装修当中最好采用防水涂料刷顶，这样能防止楼上卫生间渗漏产生的不利。然后用性能较好的 PVC 扣板做吊顶，这种扣板可以安装在龙骨上，起到遮掩管道的作用。

另外，出于美观的考虑，卫生间吊顶的遮掩，可以用玻璃和半透明板材。

二、地面要防渗漏、防滑

卫生间的地面要注意防水、防滑。

卫生间是大量用水的地方，洗浴、马桶冲水等都要用到大量的水，所以地面一定要用质量好的防水材料进行装修。如果防水做不好，发生渗漏的情况，会给楼下的家庭带来损失和麻烦，不但要赔偿损失，更有可能引起邻里纠纷。

卫浴间的地面装饰材料最好采用有凸起花纹的防滑地砖，这种地砖不仅有良好的防水性能，而且即使在沾水的情况下也不会太滑。

三、墙面要防潮

卫生间的墙壁要做防潮装修，这主要是针对洗澡会弄湿墙壁而言，如果墙壁没有防潮，时间一长，墙体就会发霉、长苔。

卫生间的墙壁材料可以选瓷砖、马赛克贴满半面墙或整面墙，这样就能起到非常好的防潮作用，而且易于清洁。

由于浴室墙面在视觉上占有重要地位，颜色处理得当，有助于装饰效果。在具体装修时，可以将卫生洁具作为主色调，与墙面、地面形成对比，使浴室呈现出立体感。

贴瓷砖时要保证平整，并要与地砖通缝、对齐，以保证墙面与地面的整体感。如果遇到给水管路出口，瓷砖的切口要小、适当，以便让水管上的法兰罩盖住切口，使外观看起来整齐划一。

四、地面排水要规划

卫生间的给、排水管要提前规划，尤其是地面的排水口。

洗澡时的排水口，座便器排水口，洗衣机位置的排水口，有些人家还专门有洗拖布池的排水口。

在现实生活当中，因为用水与排水方便，所以很多家庭会把洗衣机

安置在卫生间里。要想做到洗衣机进水、排水方便快捷，提前想好洗衣机要安放的位置很重要。

当然，洗衣机的型号也要提前考虑到，必竟大小型号不同的洗衣机，占地面积不同，排水口的位置如果不对，洗衣机的污水导出管不能直连到地面排水口，就会带来不便。

五、电路铺设要防潮

卫生间是用水最多的地方，所以这里的电线防潮、防短路要重视。

电线的所有接头处必须挂起，然后缠上防水胶布和绝缘胶布，以保证安全。

电线体必须套上阻燃管，所有开关和插座安装防潮盒，这样才能最大限度避免意外发生。

卫生间里的电器，一般有洗衣机、电热水器等电器，要在即将安放这些电器的位置预留好防水插座。

六、洁具要防腐、防锈

因为卫生间的水汽较重，所以，要选择具有防水、防腐、防锈特点的材料。

卫生洁具主要有洗手池、浴缸、座便器等，配套设施有梳妆镜、存物柜、毛巾架、肥皂缸、浴把手等。这些器具都要选用防水性能好的，最好都用陶瓷制品、大理石制品，不锈钢制品、塑料制品，避免选用木制品或铁制品。

七、洁具安装要细心

在装修之前，要把下水孔距记好，按尺寸选好浴缸、浴房、座便器、洗手盆等洁具，以免在装修时尺寸不合适。

座便器的安装要先用座便泥密封好，再用膨胀螺丝或玻璃胶固定，这样，在座便器发生阻塞时便于修理。

八、卫浴柜不宜用木制品

卫生间里的洗浴用品、化妆用品体积不大，数量却不少。

最好做一个小橱柜或架子来放置它们。

考虑到卫浴间潮湿，应尽量减少木制品的使用。

所以摆放物品台架，可以用大理石加工成二层或三层台面，专门用来摆放卫生间常用的各种洗漱用品，而且大理石的台架，清理起来非常方便，用水冲一冲，再用刷子刷一下，就可以清理得很干净了。

如果卫生间面积小，做不了分层的橱柜式大理石台架，可以做成简单的大理石台桌，然后用塑料架子摆放各种物品。

九、门要防水防潮

卫生间的门要选择防水、防锈、防火、防腐的材质，最好不用木门，以防时间久了受潮变形。

卫生间的门用铝合金、塑钢、磨砂玻璃等材料较好，既防潮也不会变形。

卫生间的地面略低一些，门应有地砖做成的门槛，以防止洗浴时地面的积水溢出来。

十、电器要防水

卫生间里比较潮湿，所以在安装电灯、电线时要格外小心，所有与电有关的线路，都要做好防水措施。

开关要有安全保护装置，插座最好选用带有防水盖的。

因为卫生间的电线不宜暴露在外，所以要事先想到哪里需要留插座、

接头。

卫生间常用的电器有电热水器、暖风机、顶灯、洗衣机等。

需要提醒的是，如果需在卫浴间里化妆，千万不要忘了在梳妆镜上面设一盏灯，边上最好再预留一个插座，便于使用吹风机或给刮胡刀充电。

第六节　卫浴设备选购要点

家庭卫生间的组成大致可以分为三个部分，洗手池、座便器、淋浴或浴缸。每个区域之间都有着紧密的联系，同时又具有功能性的区别。

一、洗手池

（台盆洗手池。）　　　　　　　　（柱盆洗手池。）

　　市场上洗手池用的面盆主要有台盆和柱盆两种。

　　二者在功能上没有区别，只是在形式上存在差异，台盆适用于开间较大的卫生间，显得庄重大气；柱盆适用于布局紧凑的卫生间，看上去精巧别致。

　　面盆的标准安装高度为80—84厘米。

　　台式面盆应配合台板，由于台板大，而且都为天然石材，容易碎，一般应在正面台板下立装一块增力裙板。

　　立柱式面盆由于缺少平台，一般在面盆旁边的墙上安装几道隔板，便于放置洗漱、化妆用品。

　　挂式面盆适宜小卫生间的装修，角式挂盆正好可利用卫浴间的墙角。

　　镜子一般都安装在面盆正上方的墙面上，大小应与面盆比例相适合。

二、座便器

（后排式马桶。）

（下排式马桶。）

　　座便器的选择要先确定卫浴间排水方式是下排还是后排。

　　如果是下排必须测量排污口至墙的距离，按此尺寸对号选购，否则再好的座便器也不会物尽其用。

　　其次是排水性能。

　　座便器的性能表现在"冲净、节水、静音"。

　　人们对"冲净"二字认识上存有误区，以为污物排出座便器就可以

了，其实冲净包含两层含义：一是冲出座便器，二是冲出排污管道，两者兼备才能彻底冲干净。

节水静音是大势所趋，所以此类产品大受用户青睐。

座便器的安装，理想的安装高度为 36—41 厘米。

卫浴间排水管道有 S 弯管的，应尽量选用直冲式座便器。

选用虹吸式座便器的，安装上应留排气孔，使之保持同一气压以达到虹吸效果。

座便器附近墙上应安装手纸盒。

家有老人的卫浴间，座便器附近应安装不锈钢助力扶杆，以方便站起。

三、浴缸

市面上的浴缸有铸铁、亚克力和钢质几种。

铸铁的较贵，但耐用。

亚克力的最便宜，但也是最不耐用的，使用一段时间后，表面容易出现灰色划痕。

钢质的则处于两者之间。

业主可以根据卫生间的实际面积和经济情况进行选择。

浴缸的标准安装高度为 38—43 厘米。

为简便安装和增加装饰性，可选用带裙板的浴缸。

浴缸长度一般在 150 厘米左右为宜。

一进式卫生间的浴缸外应备有沐浴帘，浴缸靠墙的地方应安装皂盒，在浴缸靠背方向的上方应安装浴巾架。

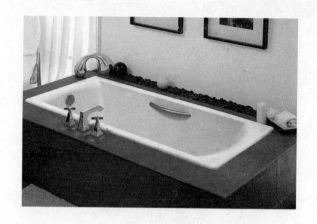

（铸铁浴缸。

铸铁浴缸采用铸铁制造，表面覆盖搪瓷，重量非常大，使用时不易产生噪音。由于铸造工艺复杂，所以造型较为单一，价格较贵，但质量最好，使用寿命长，属于高档产品。）

（亚克力浴缸。

化工产品，表面是聚丙酸甲脂，背面采用树脂石膏加玻璃纤维。这种材料的优点是，容易成型，保温性能好，光泽度好，重量轻，

易安装，造型与色彩变化丰富。缺点是这种材料容易挂沾污垢，注水时噪音大，容易老化变色。）

（钢质浴缸。

由整块钢板冲压成型，表面再经搪瓷处理制成。

它的优点是耐磨、耐热、抗压力强，不易挂脏、易清洁，光泽持久，重量介于铸铁与亚克力之间，性价比较好。缺点是，因为钢板较薄，坚固度不够，所以时间一久，表面容易脱瓷。）

（木质浴缸。

木质浴缸有楠木、柏木、橡木、杉木等几种。

楠木浴缸质量与综合性能最好，但市面上很少见到，属于高档产品。

松木、杉木等木质使用寿命不长，长期潮湿的情况下，容易发霉、变质，长期干燥的情况下，又容易干裂，所以使用几年后就要更换。)

第七节　卫生间的污染煞气

卫生间是家庭中风水煞气最重的地方。

卫生间的风水煞气主要是指其中的各种污染源，比如人的二便排泄物、洗澡、洗衣产生的脏水、清洁消毒的化学品、热水器的气体燃烧、污水散发形成的湿气、污物发酵形成的氨气，这些污染形成了卫生间的煞气。

这些煞气如果不及时清理排出，存蓄在卫生间里，必然倒流回室内，就会对家人的健康以及运气产生不利的影响。

一、卫生间的垃圾处理

上厕时用过的卫生纸最好丢入座便器冲掉，而不应放入纸篓，这样可以明显减少卫生间里的空气污染。当然，卫生纸应分成几片使用，如果卷成一大团，冲水的时候容易造成堵塞。

卫生间当中应常备一些塑料袋，家中女性换掉卫生用品后，应该放入塑料袋中，系紧后放入垃级篓当中，出门时要记得把这些垃圾带出去扔到垃圾站。

这个问题处理好，卫生间里就少了一个重要的污染源，空气质量能好很多。

二、氨气

氨气是卫生间空气中的主要污染物，有强烈的刺激性气味。

氨气的产生有几种来源。

一方面来自于冬季施工中所使用的防冻剂在夏季的释放。

另一方面卫浴间比较厚的防水层也会产生一定量的氨气。

下水管道中的污物发酵，会产生大量氨气，这些氨气会通过洗手池的排水口，或者通过地面的排污口逸散到卫生间当中。

氨气是有毒气体，会麻痹呼吸道纤毛、损害黏膜上皮组织，使病原微生物易于侵入，还能通过肺泡进入血液，与血红蛋白结合，破坏运氧功能。

因此应注意保证卫生间带水封的地漏中有水，这样可以有效避免下水道氨气上行。

同时应保证卫生间有排风设备，洗浴后最好打开浴霸，把浴室烘干，避免潮湿滋生病菌。

三、洗澡产生的污垢和毛发

卫浴间是家人洗头、洗澡的地方，不但有皮肤、汗液的废物排出，还常有脱落的毛发聚集。

头发表面的皮脂容易沾染空气中的灰尘，并滋生细菌，污染室内空气；同时毛发也常会在地漏口聚集，造成堵塞，出现杂物腐烂、发酵，产生有害气体，污染室内空气环境。

所以，尤其是留长头发的女性，洗浴过后，最好用旧的牙刷在地漏处刷几下，把毛发清出来扔进垃圾桶，这样也能碰免时间久了，排水管道堵塞的情况出现。

四、除味剂

很多人习惯在卫浴间使用除味剂。

除味剂都是化学产品，使用后很多化学成分会残留在卫浴间的空气中，如果通风不良，会产生长期蓄积，反而成为污染的重要源头。

卫生间中不要集中放置过多的清洁剂等化学用品，各种清洁剂化学成分不同，如果泄漏后互相混合，可产生和放出有毒气体，污染空气，不利健康。

第八节　卫生间镜子选择方案

是不是总感觉专卖店和美容院的镜子有魔力，将人照出来那么漂亮？

的确，不同品质的镜子真的能使人呈现不同的模样。

镜子的形状、安装方式、材质以及灯光配合，都是影响成像效果的因素。

一、功能镜塑造完美妆容

带有放大镜功能的镜子，能让脸部呈现更加逼真，是浴室内的必需之选。

这种固定安装的款式，可以随意扭转角度、固定位置，无论身材高矮，都能找到最合适、最舒适的照镜子姿势。

二、折叠镜全方位呈现

在私密的浴室镜前，通常没有任何禁忌，想从头到脚照个彻底，将自己的状态调整到完美。

折叠设计的浴室镜，可以调节角度，看看发型的后面、妆容的侧面以及背部肌肤的状况等。不用再费力拿着小镜子到处捕捉。

折叠镜有左右两个方向可选，配合空间和不同人的使用习惯。

三、椭圆形美化镜中人

有的镜子照的时候显得人好看，除去和镜子本身的品质有关，有时还受心理因素影响。

椭圆形镜子，造型圆润，同时视觉上感到纵向拉长，让人看起来仿佛画中人，构图比例恰到好处，自然会觉得漂亮些。

四、梦幻镜面墙壁系统

模仿健身房中的镜子墙，帮助你更全面更细致地护理身体。

镜面墙壁系统集合了洗面盆、储藏柜、照明为一体，让卫浴空间变得更加整洁有序。

无论浴室面积大小，镜面墙都将提升其设计品质。

第九节　卫生间座便器安放宜忌

座便器作为如厕的器具，其位置很有讲究，如果布置不当，不但会给以后的居家生活带来诸多不便，而且还会产生不利的格局煞气。

一、座便器不宜正对厕所门

座便器不要正对卫浴间的门，否则打开门一览无余，很不雅观，而且使座便器产生的污浊之气冲门而出，不仅尴尬而且影响家运。

从风水格局来讲，卫生间门正冲座便器对人的健康不利，这样的格局容易引发肾、泌尿系统方面的疾病。

二、座便器不宜压命理用神位

这是从人的八字命理角度来讲的。

八字命理当中，对人有利的五行为喜用神，这个五行可以是天干，也可以是地支。

喜用神的干支字所代表的方位，如果正好被座便器压住，那么人的运气就会变得很差，诸多倒霉的事情时常发生，对事业、婚姻、财运都不利。

所以如果有条件的话，在装修卫生间之前，可以请专门的命理师分析一下八字，找出命理的喜用神，在安装座便器时，注意避开这个方位。

三、座便器不宜正对镜子

如果座便器正对镜子的话，家人在洗漱梳妆的时候，会在镜子中看

到座便器，产生不洁的联想，造成不舒服的感觉。

而且，传统观念认为，镜子正对座便器，会加重污浊之气对家人的影响，因此不宜采用这种布局。

第十节　浴室柜设计要点

现代人的卫生间功能变得丰富，需要收纳的物品也越来越多。

浴室柜开始成为卫生间必不可少的物件，它能帮助分类收纳，轻松解决生活中的小难题。

如何让浴室柜挡住潮气侵袭，延长使用寿命呢？

一、不锈钢防潮

浴室柜如果选用木制的柜腿就容易受潮，而且会在不知不觉中将潮气引向柜体，最终会导致整个柜子变形。

如果在柜体底部采用不锈钢金属作为柜体支腿的话，难题就轻易解决了。

二、入墙设计

潮气的主要来源是地面，解决了浴室柜底部吸潮的问题，就成功阻隔了浴室柜中 50%的水汽渗透。

入墙镜柜的开发，能避免柜体直接与地面接触，又最大限度

地利用了浴室的上层空间。

　　"悬挂设计"与"防水材质"两种有效方法的结合，可以最大限度地延长浴室柜使用寿命。

三、防水材料

　　木质的浴室柜吸水容易变形，所以它对周围环境有非常苛刻的要求，而普通家庭的浴室一般只有几平方米的空间，不容易做到干湿分区。

　　基于这种情况，在选购浴室柜时，可以采用防火板、耐磨板、高分子聚合物等复合型板材作为柜面材料。这类材料不但具有很好的防潮性，还能模拟出实木的颜色。

四、新型箱体

　　箱体材料是浴室柜的主体，它被面材所掩饰，容易被人们所忽视。

　　由于箱体材料不能在视线所及的范围内被看到，很多人认为用点便宜的板材也无所谓。

　　其实，不是任何板材都能作为浴室柜的箱体材料，只有那些既防潮又透气的特制板材才能担此重任。

五、橡胶封边

　　在柜体与柜门接触的地方，安装有防撞功能的橡胶条，冲击力可得到很好的缓冲，轻松消除了关门的噪声。并且由于橡胶条的密封性能好，关上柜门之后可以非常有效地把水汽阻挡在外。

六、五金连接

　　五金连接件包括滑轨、铰链等部分，虽然只是一些小配件，但承担着浴室柜开合的重任。

　　普通的五金连接件比较娇贵，稍有腐蚀生锈就会导致柜门、抽屉打不开或关不上，而且影响浴室柜的使用寿命，所以最好选择一些有防锈功能的材料制作用连接件。

七、防水铝箔

　　浴室内面盆或水龙头在使用时会经常有水溅出，这些水会顺着台面流入柜子底部，引起柜体发霉变形。

　　如果能及时在柜体底部加上一层防水铝箔或是橡胶垫就能解决这个难题。

八、底漏底板

　　面盆直接连着柜体的浴室柜是常见的，使用频率也颇高。

　　面盆的出水管道会穿过底板进入地下，面盆里的冷凝水也会乘机悄悄从板材切割边缘浸入柜体底板，使浴室柜底板受潮变形。

　　这种情况可在水池底部管道出口处加装防水底漏，柜体的使用寿命就可以延长了。

九、大理石浴室摆架

　　其实在水气弥散的卫生间或者浴室，用任何木制的材料做柜、架都不能完全解决潮湿问题，时间久了，难免会受潮变形，寿命变短。

　　因为浴室柜架的作用不是存储，而是摆放一些常用物品，所以，

如果卫生间面积不是十分小的话，可以考虑用大理石做成二层或三层的摆架，把一些常用的沐浴用品摆放在上面。

这种方式最为简洁，而且大理石摆架很容易清理，只需要用水冲洗，用刷子刷一下，就可以光洁如新，这对保持卫生间或浴室的洁净，减少污垢的积蓄非常有效。

第十一节　卫生间要整洁有序

在风水原则当中，除了格局与五行八卦理气这些专业风水知识之外，最通俗易懂的就是整洁、有序了。

整洁、有序也是风水的重要原则。

随着生活水平的提高，卫生间、浴室当中的各类用品也骤然增多起来，从洗发香波到浴液，从化妆品到吹风机，从毛巾、浴巾到清扫用具，都成为卫浴空间的必备品。繁多的日常用品很容易使卫浴间变得物满为患、凌乱不堪。

要想使卫浴间整齐有序，其收纳设计应从以下几个方面考虑。

一、位置合理便于拿取

首先从人在卫浴空间中的活动考虑，应围绕使用时的动作布置框架、设置用品。

例如，在浴缸中要能方便拿到肥皂，洗发时闭着眼睛能拿到毛巾、洗发液等。既要随手拿到又要避开喷头淋水的范围。

入浴要考虑在什么地方脱衣服，脱下的衣服应有地方挂起来，或者有地方摆放。

出浴后能方便地拿到浴巾，穿上更换的内衣或浴衣。

特别是有较多成员的家庭，只能在卫浴间里更换衣服，所以换穿的

衣服要有合适的地方安放，不能被水淋湿。

此外，毛巾、浴巾应挂在通风处，常用的化妆品要摆在明面，能一眼看清，伸手可取。

二、归类存放

同类的物品归放在一起，常用品与不常用品分开。

每天都使用的东西则应固定专用位置，放在容易拿到的地方。

备用品可放在吊柜或低柜中。

对于几口之家，每个人专用的物品，例如牙膏、牙刷、毛巾、浴巾、或者化妆品等等，也应分区摆放，避免混淆。

这些日常生活琐事，只有在卫生间设计时就预先考虑到，才能在装修时留出个人摆放物品的位置，不致于出现一家人各自物品混乱摆放的局面。

三、明放与内存结合

牙膏、牙刷、常用化妆品等每天都要使用，把它们放在镜箱、柜内拿取就比较麻烦，反而易忘在台面上，因此把它们归放在明处，使人最容易拿到才是明智的设计。当然一些储备品、怕湿品应放于柜内。然而明放容易招灰沾水，设计时要根据物品的用途和使用频率来考虑明放与暗柜的比例，另外设几个抽屉分放一些小物品也是很必要的。

四、充分利用空间

卫浴空间中除了脸盆、水桶外，像一般化妆品、洗涤剂、手纸类用品体积都比较小，因此卫浴间设置的储柜、摆架，深度有 15 厘米即可，过深型的柜子反而不便拿取。

利用小空间解决储存问题，对于狭窄的卫浴空间来说是很必要的。

第十二节　小面积卫浴间的装修窍门

房价日益攀升，每一个空间都显得非常珍贵。

装修小面积的卫生间，可以通过延伸视觉、一物多用等方法来满足日常所需。

一、瓷砖的搭配

瓷砖是卫浴装修空间中色彩和线条变化的最大载体，通过色彩和线条的对比，可以使小卫浴间看起来时尚而有设计感。

如在暗色瓷砖中横向加入一条明色花砖，沉闷感就会立刻一扫而光。

花砖可以选用表面凸起的斜纹，不仅打破横平竖直的线性关系，还使得墙面充满张力。

二、利用镜子延伸空间

　　一面大的墙体镜可以明显起到拓展空间的作用，使狭小的空间变得宽敞明亮，这是最简单的装饰方法，镜子的反光效果使空间通透敞亮。

三、选择挂墙式洁具产品

小卫浴间里的空间虽然很宝贵，但洗浴用品必须有地方收纳。

使用挂墙式洁具产品是个好选择。

镜柜将浴镜与壁框相结合，双重功能非常实用。

挂墙式的面盆柜不仅收纳能力超强，还不占用地面空间，更能方便地面的清理。

四、用淋浴屏的巧妙分隔

对于注重生活细节的人来说，装修卫浴空间时，还要注重区域的划分，独立的干湿分区会让生活变得井然有序。

浴缸占用的面积过多，可以利用淋浴屏来打造一个淋浴区域，透明的树脂玻璃既不会影响视觉效果，又能使浴室以明亮的姿态亮相。

如果还想让卫浴间多点创意，不妨在卫浴的主题墙上局部铺贴深色马赛克，让浴室的装饰变得更加精致。

第十三节　小面积卫浴间的收纳设计

　　洗浴是一天中最为放松的时间，在这段感受身心洁净与愉悦的过程中，始终离不开卫浴空间合理的功能化布局。

　　尤其是在空间有限的小卫浴间中，如何合理地安排好各种用品的摆放，尽量完美地布局，把种类繁多的生活用品收纳好，需要充分发挥主人的想象力。

一、门区——门上安装挂物架

（卫浴间门上的挂物架，可以在洗浴时挂换洗的衣物或睡衣。）

　　对于空间非常小的浴室来讲，需要充分利用好每一寸地方。

可以在卫生间门的内侧上部安装挂架，用来挂放毛巾、洗澡时挂放衣物。

还有一种专门为浴门设计的收纳挂架，既方便又实用。它可以轻松取放，用的时候挂出来，不需要时还可以收起来，更妙的是，不影响门的开关，不仅收纳井然有序，也不影响身体活动。

二、入口区——沐浴鞋的摆放

（卫浴间内的拖鞋架。

卫浴间经常淋水，湿气大，所以不宜选择木质的鞋架，最好选择朔料架或者不锈钢架，镂空架最好，因为不会积水，而且易于清理。）

通常业主会在入户门口设置鞋柜，将淋浴时穿的鞋与日常鞋一起收纳，但这样做很不方便，而且洗完澡后鞋总是滴水，不能及时摆放在鞋架上。

我们可以在卫浴间入口区摆一个只能放两三双鞋的小鞋架，既方便进出，又不占用很多空间。

三、洗手台——利用上下空间

（卫浴间洗手池上方的挂物架。）

洗手台区域可利用的空间很多，也是浴室中使用频率最高、零碎物品最多的地方。

这个区域的收纳做得到位，会使整个卫浴空间看上去更整洁。

（洗手池吊柜组合。）

通常的做法有几种，第一种是吊柜加地柜加挂杆，即在洗手池上方设置吊柜，下方安置地柜，旁边还可以安置挂杆。这样的方式，能充分地利用洗手台四周的墙面。

第二种方式是在墙壁上挖凹槽，将洗手台背后的墙面做出一个凹槽造型，把洗涤物品轻松搁在墙内。这样的方式，不占用卫浴空间自身的面积，还能使单调的墙面富于变化，但这要求墙面必须是承重墙而且要做好防水。

第三种方法是内嵌台面加收纳盒，也就是将洗手台上方设计出一个台面，上面可放置收纳盒，把所用物品尽收其中，保持台面的整洁。

四、梳妆区——镜柜的设计

（洗手池上方的镜柜。）

（洗手间的纳物镜柜。）

卫浴间里面，与镜子有关的设计也可以巧妙地加以利用，起到别有风情的物品摆放与收纳效果。

利用镜子收纳通常有三种形式。

一种是镜柜。

镜柜表面看是一面挂在墙上的普通镜子，其实后面暗藏玄机，打开镜子，在里面还设计了储藏柜，里面是一层一层的格架，足以摆放容纳各种洗漱用品，这种设计使有限的卫浴空间得到扩展。

另一种是镜架。

大一点的卫生间适宜选择落地的穿衣镜。可以在卫生间门内的两侧角落安置这种落地镜，落地镜像个门一样围住角落里的空间，在这个被围住的角落空间里，设置吊架、搁架来摆放或吊挂物品，洗浴时，将换下来的首饰、腰带、衣物等放在其中，非常方便。

五、坐便区——利用四周空间

（洗手间座便器设计。

座便器后方设小平台放置手纸、洁厕灵等物品。）

（座便器两侧专为残疾人设计的扶手。）

　　座便器虽然是排污之所，但也很有必要规划一下，其实很简单的设计就可以做到既美观又便捷。

　　可以制作一面假墙，将座便器的水箱隐藏其中，再在假墙上挖凹槽，设计出二三层摆架，同样可以收纳很多杂物，也起到展示的功能。

　　或者可以在座便器背后制作一个进深较浅、高度较高的收纳架子，用来放置洁厕灵、洗衣粉等清洁用品等。

　　如果座便器右侧有墙面，再好不过，可以在右手与蹲位齐胸高的墙面上安装手纸的卷纸筒，这样洗澡时就不会淋湿了。

　　在座便器的下方墙面可以放置座便器刷，以及清洁剂等。

六、角落区——合理利用，避免污垢

（洗手间墙角塑料摆物架。）

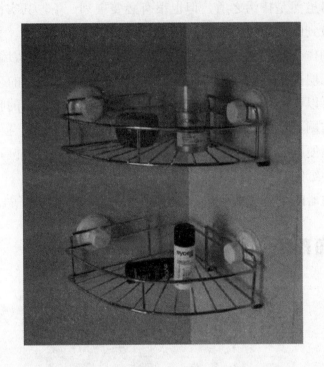

（洗手间墙角不锈钢摆物架。）

卫生间最容易滋生细菌，特别是角落区，易潮湿、易积累污垢。

所以，对于角落地带，既使加以利用了，也要考虑到易于清洁的问题。

在大的角落区要安置地柜，小的角落区要减少杂物的摆放。在朝阳的角落可以放置抹布等物品增加晾晒，在背阴的角落尽可能空出来不收纳，便于经常打扫。

七、吊顶区——隐藏家电的空间

（吊顶封闭，热水器装在外面的设计。）

（节省空间，热水器隐于吊顶中的设计。）

屋顶如果够高，在吊顶时一定要充分考虑顶层内的空间。

比如电热水器就可以很好地收纳在其中，不要让它裸露地悬挂在墙

壁上，既能防潮又不占空间，两全其美。

但一定要注意，吊顶的扣板要方便摘取，便于维修和保养里面暗藏的家电。

八、窗台区——既不遮光又能储物

（卫浴间最重要是要有一扇窗来通风换气。）

（通风好、光线明快的卫生间窗户设计。

下方大窗是封闭的，只用来采光，上方两扇小窗可以打开通风换气。

挂上百叶窗帘，就可以既看到外面风景，又能保护个人隐私。）

（居家型卫生间窗户设计。

把浴缸设计在窗户下面，利于排出湿气；窗子下方设计成推拉式，利于保护隐私；窗子悬挂百叶窗，在保护隐私的同时，还利于采光与通风换气。）

现在越来越多的卫浴间都有窗口来通风换气。

我们可以在窗户的外墙下设置一个小窗台，然后加装防护栏围起来。这个小窗台可以成为摆放物品的收纳平台。

但这个平台的收纳要注意不要遮光，不要杂乱。通常可以在这里摆放一小盆绿色植物，既可以起到净化空气的作用，又可以在视觉上美化环境，愉悦心情。

同时，卫浴间常用到的香熏也可以放这个通风窗的窗台内侧，窗户旁边通风，既利于香味的挥发，又能保持卫生间内有淡淡的香味。

第十二章　老人房与儿童房的设计

　　中国人的传统是顾家，所以一家三代人住在一起在生活当中很常见。虽然现在有一些年轻的小两口与父母分开住，但一些中年事业有成的人，往往更重视亲情，也有经济实力购买大户型的房子，一家老小住在一起，其乐融融。

　　对于老人来讲，有较大的活动空间，有安静利于睡眠的卧室，有利于外出活动的楼层都很重要。

　　对于儿童来说，孩子快乐健康地成长，一个好的学习成长环境很得要。

第一节　老人房的设计与布局

　　老年人的家居生活需要注意的方面很多，稍不注意都可能对他们造成伤害，只有在家居生活中避免隐患，多做一些准备，才能让他们放心自在地生活，才能安心享受晚年。

一、避免八卦方位的风水煞气

　　在八卦与人物的对应当中，乾卦为父，坤卦为母。

　　乾卦为西北方，坤卦为西南方。

　　所以，一座住宅之中，如果有老年父母一起居住，那么就要注意这座住宅内外西北方位的风水格局，不能有风水形势上的煞气。

　　先说室外，如果有反弓路、低洼坑、电视塔、电信发射架、电线杆、

变压器、加油站，这都是外部的风水形势煞气，非常强烈。这些风水形势上的煞气，如果位于西北方位，就对老父不利；如果位于西南方位，就对老母不利；主重疾纠缠，或意外事故。所以，选房时，要注意观察这些，加以避免。

再说室内，厨房五行属火，如果厨房住宅的西北方位，西北为乾金，就形成火克金的五行组合，乾卦老父受克，所以对父亲产生严重不利。

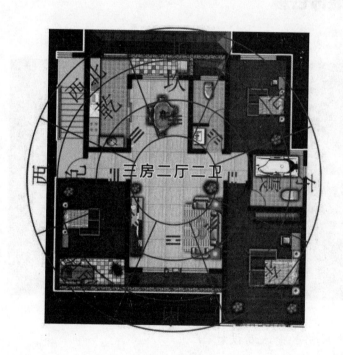

　　（厨房在西北，厨房五行属火，西为为乾金，所以形成火克金的格局，乾卦的卦气受损。

　　乾卦为父、为丈夫、为事业，所以乾卦卦气受损会对父亲、丈夫、男主人不利，对事业不利。）

　　厕所五行属水，如果厕所在西南方位，西南为坤土，就形成土克水的五行组合，对母亲不利。水受克，主血液、肾、膀胱、泌尿、血压、

血脂等方面较重的疾病。

知道了这些八卦理气与风水形势对老人的不利，避免开它，就可以设计出没有大问题的风水了。

因为老人本身抵抗能力较弱，所以，如果遇到此类风水煞气，出问题会比年轻人严重得多，所以对这类问题，要非常重视才行。

二、装饰色彩

（中式风格的老人房设计。）

老人房适于营造和缓放松的气氛，所以使用能令老人平静、舒适的颜色最恰当，而不宜用太鲜艳的红色来装饰。

过多鲜艳的红色装饰，会令人精神亢奋，并易造成神经衰弱，长期下来会导致精神不济，心情烦闷。

（淡雅风格的老人房设计。）

过于阴冷的颜色也不适合老人房，因为在阴冷色调的房间中生活，会加深老人心中的孤独感，长时间在这样孤独抑郁的心理状态中生活，会严重影响老人的健康。

老人房的色调应以淡雅、舒缓为首选。

老年人在晚年时都希望过上平静的生活，房间的淡雅色调刚好符合他们此时的心情。

老人房色彩宜柔和，能够令人感觉平静，有助于老人休息。

三、装饰材料

老人的体质、抵抗力都已经不在强盛时期，所以对居室装修的材质方面也有更多的要求，要力求天然、环保，减少污染。

装饰材料方面尽量少用金属和复合工程塑料，而要多用一些天然的材质，比如木材、竹材等，地板最好用防滑地砖、木地板等。

四、老人房的陈设

（隔断出书房的老人卧室。

经济条件较好的人家，可以考虑选择较大面积的房间作为老人房。

因为老人退休，在家里的时间较多，所以有一个较大的休息空间，才不会使人感到憋闷。

因为房间面积较大，所以可以隔断出一间书房，除了摆放一张书桌，还可以摆上一座双人沙发，让两位老人可以惬意地看书、看报、习字、聊天。）

为了能使老人们有高质量的睡眠，其房间内的睡床应以最佳的方式来摆设。

除了必须要遵守有关卧室与床的基本风水原则外，老人房的布置还要注意以下问题。

衣柜不适合摆在床头，尤其是紧挨床头，那样会给老人造成压迫感，影响睡眠。

建议尽量避免在老人房间里放置太多的金属类物品，因为金属类的

东西色调较冷，不适合老人房温馨的氛围。

老人房在一定程度上也充当书房的功能，因此，写字台在老人房中是很重要的家具。

为有阅读、学习习惯的老人准备一张大小适中的写字台是很有必要的。

很多老人并不会整天地坐在写字台前阅读书写，所以，可以将写字台与床头摆放在同一方向。

在写字台上不应摆放超过两层高的小书架，如果有很多书需要摆放，可以在写字台的侧面设置一个书架。如果这类书并不是阅读的，最好选择一款带有轮子的小型书柜，将它们收藏起来，放在写字台下，既节约空间又使房间看起来简洁整齐。

如果老人房面积允许的话，最好摆放一张双人沙发，方便老人之间聊天，应注意的是要将沙发靠墙摆放。

五、老人房的床

老人的睡床，高低要适当，以方便老人上下床起卧，也方便老人躺在床上时拿取物品，还可防止老人不慎摔伤。

老人的睡床宜偏硬一些，最好是硬床板加上厚垫子，既对健康有益，也舒适。

软床对于患有风湿、腰肌劳损、骨质增生的老人家来说，反而不利健康。

老人们恋旧，不喜欢处理老旧物品。长期积累下来，很多东西都堆在了床底下，这样容易藏污纳垢，甚至生虫，不利于卫生状况，会影响到健康，所以家人要及时帮助老人清理归类，把一些老物件干干净净、整整齐齐地摆放安置。

六、老人房的吉祥物摆放

（寿桃与喜鹊。

含有长寿、健康、吉祥、喜庆，而又有宁静、舒雅含义的国画很适合挂在老人卧房。）

老人的心理调节很重要，寓意吉祥的物品能产生积极作用，有助于其身心健康，象征长寿、健康、平安的书画作品、吉祥物都可以在老人房间摆放，比如福禄寿三仙、龟鹤延年等等。

鱼缸虽有调节室内温度、湿度的佳用，但对老人来说，却有湿气太重之嫌，如果老人的命理当中不需要水五行来补益，最好不要在房间摆放。

第二节　老人房的装饰

老人房不仅要在细节设计上照顾到老人日常行动的安全和方便，施

工时还要针对老人的特点进行特别的改造。

老人有喜欢安静、怕冷等特点，总之，一切都要以符合老人的身体特点和需求为主。

一、隔音要好

年轻人觉得音量大才够刺激，老年人却喜欢安静，对声音比较敏感，所以老人房的装饰，首先要保证隔音效果要好，使老人少受外界影响，在安静的环境中修养身心。

二、通风要好

相比年轻人和孩子，老人待在房中的时间要多一些，所以卧室对他们来说，几乎是老年生活的重心。

潮湿阴冷的环境会影响其生活质量，也容易让老人心理上产生不适感。所以在装修中一定要注意通风问题，保持居室的干燥清新，冷暖设备也要周全，保证老人的身体健康。

三、装饰宜简单

老人房的布置以简单为宜，室内保留足够大的空间，方便老人在室内的活动。老人们喜欢养些花草、鸟雀来怡情，简单的装饰也方便老人摆放花草鸟雀。这样的生气，是老人所需要的，也给老人增添了生命的乐趣。

四、家具要稳固

老年人身体已经不太灵活，为了他们的安全和方便，选择家具时候一定要考虑周全。

一般来说，橱柜不宜太高，抽屉不宜太低，以免老人取物不方便。

在为老人选购家具时，以木质为佳，少一些棱角并特别注意其稳定性，摆放时候则要尽量靠墙，方便老人撑扶。

五、灯光宜明亮

老年人的视力呈逐渐下降趋势，所以，如果灯光过暗会对老人造成不便，稍明亮一些的灯光不仅可让老人便于生活，也可让老人从心理上产生温暖的感觉。

第三节　儿童房间的布局宜忌

一、八卦方位格局对孩子的影响

对于孩子来说，健康成长、学业优异、性格活泼是家长们所希望的。

在家宅当中，对男孩影响较大的方位有正东方震卦位、正北方坎卦位、东北方艮卦位。

震卦为长子，坎卦为次子，艮卦为小儿子。

这三个方位如果有卫生间、厨房，或者住宅此方位有缺角，会对家中对应的男孩产生不利影响；如果这些方位干净、平整、房子不缺角，家具摆放整齐、墙体完好，就在风水上有利于孩子的成长。

巽卦为长女，离卦为中女，兑卦为小女儿。

这三个方位如果有也有此类风水方面的煞气，就会对家中对应的女孩产生不利。

所以，在选购房子时，应该注意这类风水问题，提前预防，有利孩子的成长。

这是从整个住宅方位格局来讲的。

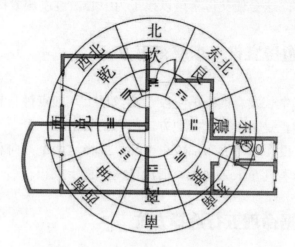

（户型东北艮卦位缺角，主不利少男，所以东北缺角，或者东北有卫生间的住宅，如果家中有小男孩，这种风水格局就会对孩子产生不利，健康、学业等方面都会产生不利影响。

如果是新婚夫妻想生孩子的话，因为东北艮卦缺角，卦气不足，所以就很难生男孩，或者生了男孩却身有残疾。）

其实，还可以把相关的方位延伸到室外。举个例子，如果夫妻两人只有一个男孩，那么这个男孩就是长子，如果自家的房间在一楼，而楼的正东方有反弓路，这个反弓路形成的风水煞气就会对孩子产生严重影响，孩子的思想、行为叛逆，不爱学习，容易出意外。遇到这种我们能力无法改变的风水格局，就要考虑换一处房子住了。

二、儿童房不宜在房屋中心

因为房屋中心是住宅的重点所在，基本上大多数的住宅，房屋的中心都是客厅，是家里会客与全家人休息的地方。

一些住宅，客厅在住宅的前半部分，而位于住宅中心的大房间、或中房间常用做主人卧室或者客房，倘若将一宅的重点用作儿童房，便有

轻重失调之弊，这会使父母事事以孩子为中心，过度溺爱孩子。

三、儿童房宜设在东或东南方

儿童处在生长发育的旺盛阶段，就像早上八九点钟升起的太阳，而东方、东南方正是太阳升起的地方，蕴含勃勃生机。

儿童房宜设在住宅的东部或东南部，选择这两个方向利于孩子的健康发育，预示着儿童天天向上、活泼可爱、稳步成长。

四、根据命理五行选择方位

（八卦二十四山五行方位图。

东方为震卦，五行属木，甲木、卯木、乙木。

南方为离卦，五行属火，丙火、午火、丁火。

西南为坤卦，五行属土，未土、坤土、申金。

西方为兑卦，五行属金，庚金、酉金、辛金。

西北为乾卦，五行属金，戌土、乾金、亥水。

北方为坎卦，五行属水，壬水、子水、癸水。

东北为艮卦，五行属土，丑土、艮土、寅木。

我们要注意，当西南、西北、东北三个方位再次进行拆分时，五行的属性是有细微的变化的。西南属土，但申方为金；西北属金，但戌方为土，亥方为水；东北属土，但寅方属木。

当一个人的命理或卦理特别需要申金时，西南申方的申金之气对主人助益最大，同理，当一个人命理或卦理特别需要亥水时，西北亥水的方位之气对主人的助益最大。）

根据命理五行来选择方位的方法，是对促进孩子成长最有利的方式，是专业风水师采用的命理与风水的结合方法。

通过命理分析，找出对孩子成长最有力的五行，然后选择这个五行对应方位的房间作为儿童房。

比如，孩子的命理五行最需要木五行的帮助，那么在风水方位当中，东北寅木位、正东甲、卯、乙位，这四个位置的房间，都会对孩子起到风水的助力作用。

当然，还可以进一步，木五行有四个，分别是甲、乙、寅、卯，它们在方位上有差别，并且虽然同为木五行但性质上也有差别，经过专业命理师的分析，可以选择对孩子助力最大的那一个，但这种细致化的追求做起来比较难，主要难在要正好找到这样儿童房位置的房间，不但要花费时间还要有机缘。

如果孩子的命理五行最需要火五行的帮助，那么在东南巳火方位，正南丙、午、丁方位，处于这四个方位当中的房间，都会补足孩子命理当中的不足，增益孩子的运气。

第四节　儿童房间的装修设计

　　不断成长的孩子，需要一个灵活舒适的空间，如何能让房间和孩子一起"成长"呢？

　　选用看似简单，但精心设计的家具，是保证房间不断"长大"的最为经济、有效的办法。同时，儿童房间的合理布置、精心修饰，也是保证孩子有一个健康成长空间的关键。

一、儿童房的功能

　　儿童房最重要的功能，是使孩子有一个既安全又自由的小天地，让孩子在自己的小天地里快乐地学习、玩乐、睡眠。

　　家长在为孩子选择和装修房间时，在布局上要充分考虑儿童房的这些独特功能的要求。

　　家长可以借助装修的技巧，通过色彩、灯光、家具、饰品、玩具等等，寻求各种能量的支援，使孩子们学习时借力上进，玩乐时天真活泼，睡眠时宁静舒适。

　　孩子成长到一定年龄，就需要相对独立，不喜欢被打扰，也就是说，儿童房需要有相对的私密性。同时，家长又不可以完全放任孩子，在尊重孩子的私密性的基础上，要尽可能地给予关照。

二、儿童房内部布局

　　儿童房因为其特殊的功能，所以在布局方面除了要遵守卧房风水布局的原则，比如床不能被门冲、床头要靠墙之类；避免卧室风水格局的问题，如床头不可靠窗、床上方不能有横梁压顶，等等；也要避免儿童房的房门被卫生间或厨房的门正冲，防止受到污秽之气和油烟的影响。

　　另外，还要注意，儿童房更不应有穿堂风，因为孩子柔弱，但好动，出汗之后遇到穿堂风特别容易着凉感冒。

　　儿童房需要给孩子一些玩耍的空间，所以装潢以简单、明快、有童趣为好，不宜太复杂，家具也不宜太庞大，要使房间无阻塞与局促之感。

　　家长们都希望自己的孩子健康成长，有一定独立性，减少依赖性，因为这样对孩子以后的发展非常重要。

　　那么家长可以在房间里设一张小桌子或小储藏柜，让他们自由组织内部的物品，培养他们的动手能力。这时，家长不要去干预，但可以用提问的方式提醒孩子，让孩子取得进步。

　　还有，儿童房里的家具尽量多用圆形，忌用玻璃、陶瓷类的易碎物品，也忌用有尖角的铁器，这样就可以避免磕碰的危险。

三、色彩搭配

（绿色是平和色，能起到镇静作用，促进身体平衡，对消除疲劳和消极情绪有一定作用，婴儿房可适当使用。）

（蓝色能调整身体内部环境，消除紧张情绪。

天蓝色的环境可以使人在不知不觉中感到幽雅安静，居室内可适当作为主色调和其他色彩搭配，但颜色不宜过深，以淡淡的天蓝色为宜。）

（儿童房间色彩的运用，会影响到孩子性格的发展。0—3岁的儿童，要用强烈的纯色，有利于孩子对周围环境的认知。

3岁之后可按性别分，男孩可以使用较为硬朗的红色、蓝色；**女孩**可以使用柔和的纯色，如粉红、天蓝或苹果绿。）

（当孩子进入小学、初中阶段时，以学习为主，玩耍为辅。

这时房间设计可以适当减少一些童趣，增加一些学习的氛围，所以应适当减少可爱的玩具，增加书架、书籍、电脑等物品，以培养孩子学习知识的兴趣。

房间的色彩也要有所转变，以中正平和为主，尽量不用过于鲜艳的颜色。）

四、照明设计

儿童房的照明最好使用光线柔和的吸顶灯、或者壁灯，而尽量不用台灯、柜灯、地灯，原因是儿童好动，在玩耍时容易不小心拉动电线、或者接触插头，存在安全隐患。

倘若孩子怕黑无法入眠，或天黑就显得拘束，则可在儿童房里安装可以调节光线明暗度的壁灯，这会有利于改善孩子怕黑的问题。

第五节　儿童房的环境布局

越来越多的家长意识到，给孩子提供一处安全、舒适、惬意的生活空间，有助于孩子健康快乐地成长。

所以，关心孩子成长的家长们也会学习一些相关的风水知识，力求把孩子的房子布置得尽善尽美。

儿童房是孩子成长的空间，安全合理、符合风水原则的摆放布局，是每个家长都需要认真考虑的。

一、儿童床的摆放风水

一般情况下，儿童床最好采用南北方向的摆放，人体细胞电流方向与地球磁力线方向成平行状态，可以提高睡眠质量，对儿童身体健康很有好处。

如果孩子健康状况不好，经常生病，或者与其他的孩子相比，过于内向或者过于顽皮，或者学习成绩特别差，这个时候，就要考虑到是孩子的命理五行出现了比较严重的失衡，应该请专业的命理风水师进行分析，找出问题所在。一般来讲，命理中某个五行受克严重，才会导致这些较为极端的情况出现，这时就要从风水上进行一些调理。

在不违背床位摆放基本风水原则的情况下，把床头摆在命理喜用神的方位，可以有效缓解命理五行的严重失衡，可以让孩子的状况好转一些。

比如八字当中年柱为乙酉的孩子，如果命局当中木五行衰弱，天干没有壬、癸水透干生救乙木，那么年干乙木被坐支酉金克伤，这样的孩子在行土金大运时，就特别容易头疼，睡眠不好，对于小孩子来说，他们讲不出原因，会因为头疼而不愿意看书学习。家长往往误以为孩子是

在找借口偷懒，误解孩子，因为这样的头疼到医院里是检查不出什么问题的，也没有特别有效的治疗方法。

但通过命理风水，能较好地解决这个问题。因为北方位为壬、子、癸的位置，其中壬水、癸水是天干的水，所以只要床头靠北方位的墙摆放，居室内再增加一些水五行的吉祥风水物品，就能够缓解孩子头疼的问题。

小孩子的眼睛和身体都处在成长期，又好动爱出汗，所以对光线和风吹比较敏感，所以儿童床最好是摆在通风但是并不是直接面对风口的地方。

如果床位面向南方的窗房，在午睡时阳光很强，一定要拉上窗帘做适当的遮挡，以免过强的光线刺激孩子的眼睛。

如果住宅楼是临近大道的，那么晚上在睡觉的时候最好能采取比较好的遮光方式，避免孩子被闪烁的车灯干扰。

床的周围可以放置一些柔软、可爱的玩具，伴随儿童幸福地进入梦乡。

床头的周围，不要放置或悬挂大镜子，防止夜间反光惊吓着孩子。

儿童床不可摆放在横梁之下，否则会给孩子沉重的压力感，这样孩子易做噩梦，会影响孩子的精神状态。

如果孩子与父母同睡在一个房间时，孩子的床位应与父母的床位放置于同一方向，会有助于孩子与父母感情的沟通融洽。

如果家中有两个以上的孩子合住一个房间，将他们的床放置于同一方向，可在无形中增进兄弟姐妹之间的情感交流。

二、书桌摆放风水

1. 书桌风水三不宜

儿童书桌的摆放要避免三种情况，正对房门，背对房门，侧对房门。

这三个方位，书桌都会被门直冲，是不利于学习的风水格局，因为冲者主动、主散、主分心，也主意外受伤。

　　儿童的书桌，能以墙为依靠摆放最好，但如果面墙摆放也是可以的，但也要上避免上述三种被门冲的不利格局。

2. 书桌摆放设计

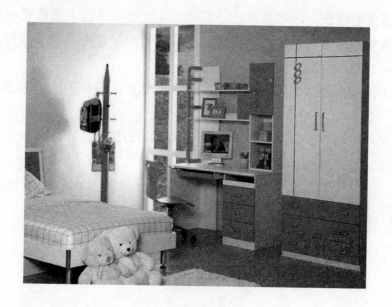

（儿童房书桌摆放。）

　　如果房间的位置合适的话，书桌摆在东南方位最好，因为东南方巽卦是文昌位，利于读书学习。这种方式适合多数的孩子。

　　对于学习成绩特别差的孩子，从命理上来讲，是因为命里当中的印星为喜神而受制，或者印星为忌神而强旺，这时要用专门的命理分析找出原因，有针对性地把书桌摆放在喜用神方位。

　　如果喜用神方位能够摆放书桌，但却不符合风水格局，比如会被门冲，那么这种喜用神方位是不能摆放的，而应该第一选择符合风水的形势格局，坐椅靠墙摆放，看书时背靠墙，面向书桌，这样孩子学习的心态就会稳定，然后在书桌上摆放符合命理五行的风水吉祥物，增加利于学习的五行能量，就可以促进学习成绩的提高。

对于进入青春期的女孩子，因为她们已经具备了一些成年人的心理，所以往往会开始注意打扮自己，因此在书桌上最好不要放置镜子，这样孩子在学习时就不会把精力放在照镜子打扮自己上，可以提高学习的效率。

在书桌的摆放上，还要注意一些问题。比如插线板不要放置在桌面或容易碰到的地方，以免发生危险；书桌的上面最好不要摆放高物，因为孩子很容易碰倒它，伤及自己。

孩子的书桌最好用木质书桌，柔和感能让孩子感觉亲近，从而增强读书的效果。

书桌上可以放置文房四宝，用以增加读书的氛围，在风水上，文房四宝是旺文昌的，利于增加读书运。

三、设置摆放架与储藏箱

（玩具收纳袋。）

（玩具收藏箱。）

（玩具摆放架。）

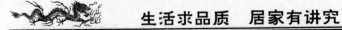
　　摆放架与储藏箱都是给孩子收纳玩具用的。

　　这两样家具的设置，可以避免孩把玩具丢得满屋都是的情况。

　　家长可以引导孩子养成良好的习惯，把暂时不用的玩具分类收好，从小锻炼他们做事井井有条的能力。

　　对于几岁的孩童来说，直接放在地面的开口收纳箱是最理想的选择；对于十几岁有一定自理能力的孩子，摆放架是最好的选择。

　　由于儿童喜欢在墙面上涂鸦，所以可以在墙上放置一块画板，留给孩子"自由发挥"。或者是将孩子的作品在墙上挂起来，用来鼓励孩子，激发孩子的想象力、创造力。

四、墙面、地面装修材料的选择

　　儿童房的地面以铺天然的木地板最佳，既安全又易清洁。

　　好动是孩子的天性，跑跑跳跳中偶尔摔倒是难免的，所以儿童房当中应避免用石材铺地，一是防止摔伤，二是因为要考虑没有通过认证的石材所含有的放射性材料会对小孩子的健康成长不利。

　　对于一个普通的家庭来说，儿童房的地面也不宜放置地毯，虽然柔软的地毯安全性好，不怕小孩跌倒，但是由于容易附着太多粉尘，长期使用会致儿童患支气管炎和呼吸道疾病。

　　当然，如果家长比较有时间清理，或者家里经济条件很好，有专门的保姆定时清理，铺地毯确实是很好的选择。

第六节　儿童房的色彩宜明亮

　　色彩常常可以影响人的心情、性格和感情。

　　家长一般都会给孩子选择色彩亮丽的儿童家具，因为这样的色彩会给人一种活泼、积极、吉祥的感觉，让人自然而然地喜欢。

　　儿童房家具的颜色选择也是这个道理，色彩是否适合孩子的性别、年龄、性格以及喜好才是重点。

　　如果家长只是通过自己主观的判断而不理孩子的感受就把各种颜色堆在房间里，很容易造成孩子的不良反应。

一、色彩有浅深明暗之别

　　色彩的种类繁多，但浅一些的颜色给人一种轻快、明亮的感觉，特别深的颜色给人一种浓烈、沉重的感觉。

　　所以，对于儿童而言，天性活泼，所以在颜色的浅深、明暗之间，当然选择浅一些、明亮一些的，这有助于促进孩子心理、性格、行为等方面的健康成长。

　　过于深浓的色彩，会产生一种过度的、沉重的、阴郁的影响，最好不要选用。

二、根据性别来选颜色

　　（因为男子为阳、为刚，所以在色彩上冷色系能很好地表现这种特点，这种类型的颜色，有利于男孩的性格发展。

对于冷色的选择，不必复杂，也不能太单调，适当放一些亮色做点缀。）

（女子属阴、为柔，对女孩来说，柔美而活泼、端庄而大方都是很好的性格，所以鲜亮的暖色，比如浅红、粉红、浅紫等都很受女孩的欢迎。）

三、根据性格来选颜色

性格活泼开朗的孩子多喜欢明快鲜艳的暖色，家长可以选择黄色、蓝色等作为家具的搭配色彩。

安静内向的孩子则偏爱中性色等冷色，家长则可将家具搭配定为白色等。

四、根据年龄来选颜色

0—3岁的儿童，一般选择颜色比较艳丽的家具，有利于孩子对周围环境的认知，也可以诱发其观察力。

随着孩子慢慢长大，家具的颜色也应该适当调整，摆脱以往过于稚气的氛围，柔和的颜色可以给他们创造一个踏实的学习环境。

五、儿童房的色彩要丰富

儿童房的色彩设计要丰富，对比度要大，跳跃感要强，以满足儿童的好奇心，刺激他们的求知欲。

可以在木地板或瓷砖上再铺上一块彩色塑料拼图垫子，这种垫子的颜色很丰富，并且柔软，耐磨，还便于清洁，非常适合儿童。

孩子会像大人一样对某些颜色情有独钟。可以选择颜色素淡或条纹简单的床罩，然后用色彩斑斓的长枕、垫子、玩具或毯子去搭配装饰，并在不同季节、随着孩子的成长不断地更换枕套和垫子的颜色，以保持孩子的新鲜感。

第七节　儿童房装饰要重视安全

孩子能够健康快乐地成长是每个家长的心愿，而儿童房作为孩子最常活动的场所，在进行装修时，它的安全性是家长们必须要注意的。

关于儿童房的安全隐患主要隐藏在以下几个地方，一定要多加注意。

一、材料要环保

市场上有很多劣质装饰材料，这些劣质材料不仅没有任何环保可言，相反有些劣质产品可能会带来很大的污染，引发儿童多种疾病。

二、电源与电线要隐蔽

要保证电源与电线的隐蔽性和安全性，插座处要有插座罩或其他防护措施。

三、玩具忌尖锐或易碎

这点主要是针对较小的儿童而言。

玩具不能太过尖锐、棱角，以免划伤。

玩具也不宜过小，以防止孩子放入口中。

玩具不宜选择玻璃、陶瓷类易碎品。

另外，放置儿童玩具的地方不宜太高，以免孩子自行爬高发生磕碰。

四、儿童房不宜安装摆放镜子

儿童活泼好动，时常会乱扔东西，所以，儿童房中最好不要安装大镜，也不宜在桌上摆放镜子。这主要是预防孩子打破玻璃后划伤自己。

第八节　男孩女孩房的不同设计

儿童时期是孩子长身体、建立性别认知、塑造性格特点的重要时期，这个时期的父母关爱、文化教育，以及家居风水会对孩子以后的发展产生重要影响。

在这个时期，针对不同性别的性格特点塑造，儿童房的设计也应有所区别。

男孩子自然要刚健大方、性格开朗；女孩子或者端庄娴淑，或者柔美可爱。

这些对孩子产生影响的设计，都可以在儿童房的装修当中实现。

而快乐的童年时期、温馨的家、关心自己的父母，将成为孩子长大后最美好的记忆。

一、男孩主题空间

1. 巧做装饰——留出想象空间

顽皮是男孩的天性，他们更容易对新事物产生好奇，而过度活跃往往会让父母头疼，家里的摆设也常常被他们破坏得凌乱不堪。

不妨观察一下孩子的喜好，通过简单的设计，解决孩子们合理的需求，给他们一些玩耍的空间，培养孩子乐观、积极的性格。

（大容量的玩具架与收纳箱。）

当然，对于淘气的男孩来说，房间里最好有强大的收纳储物家具，例如超大的玩具箱或较多层的摆物架。

这种设计，在分门别类安置好自己的小玩具或小收藏的同时，既保持了居室的整洁性，还能培养孩子的自理能力。

当然，良好习惯的养成需要家长耐心的引导，孩子有了好的表现，家长一定要鼓励，犯了错误要批评，千万不能溺爱，因为溺爱只会害了孩子，将来孩子走出社会，要求得不到满足时，会产生严重的挫败心理，

或者退缩不前、或者产生嫉恨，所以小时候对孩子的正确教育非常重要。只要形成了良性的引导模式，孩子就能形成良好的习惯与品格。

2. 确定主题——进行个性布置

（儿童房——军事主题设计。）

差不多每个男孩都会有一个英雄情结，喜欢动画片或故事里的英雄，喜欢把成就非凡的人作为自己的偶像。

有些男孩从小就崇拜军人，有些崇拜球星，有些崇拜科学家，在了解到孩子的这些心理之后，家长可以进行有意识的引导，并从儿童房的设计、布置当中加强这种影响。

儿童房布置可以根据他们的性格来大胆创意，比如对于崇拜军人的男孩，可以给他们营造出一个小小军人之家，对于喜欢大自然、喜欢探险的男孩，可以用带有自然风光的主题墙面来装点。

符合孩子心理与性格的个性化设计，或许还能在不经意中开发出孩子的潜能，使孩子以后成为这个行业中的优秀人才。

二、女孩的主题空间

1. 可爱的饰品——装扮甜美闺房

（可爱的狗狗饰品。）

女孩们总喜欢把自己想象成公主，她们比男孩安静许多，浪漫许多，或是做游戏、或是过家家，总之结伴玩耍是女孩们最喜欢的事情。

小女孩喜欢造型可爱的东西，小动物、小饰品等等。

所以女孩房的设计应该着重在装饰上表现，例如花朵、蝴蝶结等带有典型女孩特征的物品，同时，她们还会对一些模拟家居生活的道具格外钟爱。

选择小动物饰品时，如果能按照命理原则选择对孩子运气有帮助的十二生肖动物那就最好了。

十二生肖动物就是子鼠、丑牛、寅虎、卯兔、辰龙、巳蛇、午马、未羊、申猴、酉鸡、戌狗、亥猪。

无论男孩或女孩，分析命理之后，假如卯木是命理的喜用神，可以

对孩子健康、学习起到帮助作用，就可以选择兔子玩具；假如申金是命理喜用神，就可以选择小猴子作为孩子的玩具。这种有针对性的生肖玩具选择，能提升孩子的运气，让孩子在好的风水气场影响下成长。

2、擅用装饰——成就童年梦想

（用可爱的动画、卡通图案来点缀，可以给女孩的房间营造出活泼、快乐的氛围。）

每个女孩都是可爱的小公主，心中都充满了美好的梦想。

在设计上运用一些小技巧，把那些女孩格外钟情的粉色、红色等柔美的颜色作为主色调铺陈在家中，或者将丝带、漂亮的卡通画等物品装饰在她们的房间里，可以成就女孩美好、快乐的童年。

第九节 不同年龄的儿童房布置

现代社会，孩子成了家庭的重心所在，为了孩子过得好，家长们可谓是用心良苦，不惜时间、金钱、精力。

为了孩子更好的成长，在孩子成长的不同阶段，其房间布置应注意哪些事项呢？

一、幼儿时期（0—6岁）

（婴幼儿房。

小床肯定是要有护栏的，地面铺上地毯以防磕碰，准备好可爱、安全的玩具，这些都是婴幼儿房的必备装备。）

这一阶段的孩子，生理、心理上都正处在生长发育早期，抵抗力弱，自己还不能完全正确地表达自己的需求和感受，所以如何才能使孩子聪

明健康地成长是家长关注的重点。

这一阶段，儿童房的布置以轻松活泼、符合儿童这一阶段的特点为宜。

二、少年时期（6—16岁）

（书桌上只宜摆放与学习有关的东西，不宜摆放玩具，因为玩具会使孩子精力不集中，影响学习的效率。）

这一时期，正是孩子上小学和中学的阶段，孩子的学习态度、学习成绩几乎成了家长们最关心的问题。

不少家长为孩子精力不集中、学习成绩差而发愁，殊不知，这也可能是由于孩子房间布置不当所引起的。

在这个阶段，儿童房的布置要以学业和健康并重，符合学生这一阶段的特点为宜。

书桌上的灯以台灯为宜，光线适中，摆放的位置要方便孩子阅读和学习。

　　书桌上物品的摆放，诸如书、笔记本等，最好左侧高一些，右侧低一些。因为左手为上方。

　　有的书桌上还附带有书架，书架最好不要上部突出，压在头顶上，这样会增加孩子的学业压力，导致孩子厌学情绪。

三、16 岁之后的孩子

　　16 岁之后的孩子，正是多姿多彩的花季时节，这一阶段的孩子，学习上处于高中阶段的紧张状态，自我意识加强，有自己的想法、观点，心理上则对异性好奇，有好感，有的家长为孩子的早恋忧心，有的家长则对孩子的叛逆发愁。

　　这一阶段，孩子的卧室几乎是按照他们的喜好布置的。墙上的明星海报、饰物，都是他们个性的体现；书桌上也许不经意间就多了镜子，床头的小摆设也说不定就是哪个同学送的礼物。

　　也可在墙上挂些孩子喜爱的乐器（如吉他、二胡、笛子等）及体育活动器械（羽毛球拍、健身拉力器等），既能体现小主人的素养和爱好，也可作为一种装饰。

第十三章　家居书房布局

普通的小中户型一般是以客厅的一角、或者卧室的一角作为书房的位置，但实际上，大多数普通人家并不会在家中设置书房。

如果想设立单独的一个房间作书房，只有三房两厅或者四房两厅之类的大户型才能轻松做到。

书房是家庭的工作室，很多事业有成的自由职业者，往往选择在自家的书房工作，还有很多从事文教、科技、艺术工作者，他们的创造性工作很多都是在自家书房里完成的。

所以，书房对于一位事业上有所成绩的人来说，是必备的活动空间，它既是办公室的延伸，又是家庭生活的一部分。

书房风水最重要的是书房方位的选择与书房内风水的格局，只有这两点符合风水原则，才能让书房风水发挥对事业的助力。

第一节　书房的八卦方位宜忌

乾卦为天、为君，主一个人的事业、权力，所以乾卦西北方位是有利于事业发展、有利于职务提升、有利于获得权力的方位。

在买住宅之前，如果考虑到有很多工作需要在家中处理，必须要设置书房的话，那么一定要提前考虑到书房的方位问题。

如果自己对权力特别渴望，那么遇到在住宅西北方位有房间，面积大小适合做书房的住宅，就说明事业发展的机缘到了，因为西北乾卦方位的书房会对自己的事业有明显的旺运、促进作用。

　　乾卦的卦气为阳、为刚，在乾卦方位工作久了，人会产生强烈的上进心，积极的进取心，遇到困难时不会退缩，而是迎难而上，想方设法解决、征服困难，从而取得事业的进步。

　　另外一个最适合做书房的方位是东南巽卦位，因为巽卦为文昌位，最利学业、事业，但巽卦的事业与乾卦不同，乾卦主事业上的权威，而巽卦主事业上的成绩，巽卦为风，颇有些自由自在的意思，对权力并不喜欢，而更多喜欢学术、技术、名声的喜好与追求，有风雅之意。

　　还有一种变通的方法，效果也不错。就是书房的方位不在西北方或东南方，但可以在书房内部的西北方位或东南方位设置办公桌椅，而且设置之后，坐椅北靠西北面朝东南，或者坐椅北靠东南面朝西北，并且在形势格局上符合风水原则，没有大的纰漏，这样的书房风水也是非常好的。

　　书房的风水是对事业成绩与职务高低有重大影响的，除了上面的八卦方位之外，还可以从个人的命理五行喜忌来选择只针对个人运气的方位。

　　比如，个人的命理五行当中，水五行是喜用神，对自身运气的助益最大，那么如果选不到西北、东南的房间做书房，就选北方位的房间做书房最好，对自己的助益最大。因为北方五行属水，水五行之气是命理喜用神，会对自己的事业产生帮助，如果水五行喜用神恰好是命理的财星，那么在这个书房工作之后，就会给自己带来更多的财运，如果水五行恰好是印星，那么这个书房风水就能在事业上给我们带来更多的成果、或者能让我们在实力更雄厚的国家机关或知名企业当中工作。

　　要注意的是，既然重视书房对事业的影响，就要避免对事业产生重大不利影响的风水格局。

　　如果住宅西北方位或东南方位有厕所、厨房，那么乾卦的权力与巽卦的文采都会受到明显的削弱，甚至产生不利的影响，这个是在买房时要特别注意的。

第二节　书房的装修设计风格

书房同其他居室空间一样，风格是多种多样的，很难用统一的模式加以概括。

书房的装饰风格原则上要突出个性，体现主人的素质修养、爱好情趣等，并随主人的工作性质、习惯、爱好等加以布局。

一、中式传统风格

（中式传统风格书房。）

这种风格一般要求朴实、典雅，体现传统意义上"书斋"的韵味。

这种书房主要是体现在家具的设计上，以方正的线条为主。

置入中式家具，加上中式书柜、茶几及屏风，配以中国字画和古玩

等点缀其间，就构成一幅中式风格的书房蓝图。

二、欧陆风格

（欧式风格书房）

　　这种风格要在家具造型上体现欧式格调，有的甚至仅从书柜和工作台线条的线型上，体现一定程度的"欧味"。

　　西洋油画、水彩画和雕塑等也能增强欧式风情，如女体像柱、绘画雕塑、装饰假面以及圆形或椭圆形雕饰等图案。

三、现代风格

（现代风格书房。）

　　现代风格强调的是简洁、明了，抛弃了许多不必要的附加装饰，以平面构成、色彩构成、立体构成为基础进行设计。

　　室内都采用同一色调，并在家具造型上以大块面或大块面的组合为主，特别注重空间色彩以及形体变化的挖掘。

　　采用这种风格设计的书房，大多极富时代性，令人耳目一新。与之相对应，常常采用抽象绘画和雕塑来装饰，打破一些乏味、单调、生硬的线条，以期获得完美丰富的空间感受。

四、自由风格

（自由风格书房。）

自由风格主要是指整体环境和生活习惯相配合，而形成一种自由设计的风格。

家具大多选用有流线线条的为主，可使空间有流畅感。颜色则采用同一色系，通过深浅的变化来使整个房间统一格调，大量采用木头、石料等天然材料。

第三节　书房布置的"明、静、雅、序"

现代生活中的书房，其功能日趋多元化，同时兼有工作与生活的双重性。

因为是家中的书房，所以既有家庭办公的严肃性，又要考虑书房是家居中的一部分，浓浓的生活气息也要有充分的展示。

书房不仅是居家办公的地方，还有上网聊天、休闲放松的功能，也是主人创造财富的宝地。

在装修书房时，可以遵照"明、静、雅、序"的原则来设计。

一、明——书房的照明与采光

（书房充足的光线。）

书房作为主人读书写字的场所，对于照明和采光的要求很高。因为人眼不管是在过强还是过弱的光线中工作，都会对视力产生很大的影响，所以写字台最好放在阳光充足，但不被直射的窗边。这样，在工作疲倦时可隔窗远眺，休息养神。

书房内一定要设有台灯和书柜专用射灯，便于主人阅读和查找书籍。

台灯的光线要均匀地照射在读书写字的地方，不宜离人太近，以免

强光刺眼。

二、静——修身养性之必需

（装修采用吸音材料）

安静对于书房来讲是十分必要的。因为人在嘈杂的环境中工作，效率要比在安静的环境中低得多。所以在装修书房时要选用隔音、吸音效果好的装饰材料。

天花板可采用吸音石膏板吊顶，墙壁可采用 PVC 吸音板或软包装饰布等装饰，地面可采用吸音效果佳的地毯，窗帘要选择较厚的材料，以阻隔窗外的噪声。

三、雅——清新淡雅以怡情

（绿色植物可以让书房清新、雅致。）

　　书房的家具摆放，如果只是一组大书柜，加一张大写字台、一把椅子，就会显得太过单调，最好将个人的情趣、爱好充分融入到书房的装饰中。

　　一盆大叶观赏植物、一件艺术收藏品、几幅钟爱的绘画、几幅亲手写的墨宝、几张生活艺术照片，哪怕是几个古朴简单的工艺品，都可以为书房增添几分淡雅、几分清新。

四、序——工作效率的保证

　　书房，顾名思义是藏书、读书的房间。在种类繁多的书籍中，有常看、不常看和藏书之分，应将书进行一定的分类。

　　如果把藏书、音像资料、存储文件等分类存放，分成书写区、查阅区、储存区等，就会使书房井然有序，有利于提高工作的效率。

（各种书籍归类有序会让人头脑清醒、思维敏捷。）

第四节　书房的色彩与照明设计

书房布置能体现主人的内涵和个性，而书房也是大人小孩经常停留的区域。书房的环境设置好了，人们可以静下心来读书，自然学业、事业也会随之提高。

一、书房颜色宜淡雅

书房是人们阅读、写作、学习，甚至是上网聊天、家庭放松的地方，因此需要创造一个安静的环境。

浅色调的空间颜色正是宁静、恬淡环境的组成部分，而壁纸正好可以大显身手。

家居市场中浅色系的壁纸很多，浅灰、乳黄、淡蓝等都可以装点出

书房的宁静氛围。

　　书房的墙面、天花板色调应选用典雅、明净、柔和的浅色，如淡蓝色、浅米色、浅绿色。但主要还是以浅绿色为主。这主要是因为文昌星五行属木，故此便应该采用木的颜色，绿色为宜，这样会扶旺文昌星。另外，绿色对眼睛视力具有保护作用，适宜因看书而造成疲劳的眼睛，有"养眼"作用。

　　书房切忌使用大红、大绿或杂乱的拼色。这样既易伤及眼力，也会使人无法静心持久阅读。

二、书房照明设计

　　设计合适的灯光，既可以制造各种风格、品位的情调，又可为读书、写字等日常工作提供照明条件。

　　人工照明主要把握明亮、均匀、自然、柔和的原则，不加任何色彩，这样不易疲劳。

　　书房要求光线均匀、稳定，亮度适中。

　　书房的灯光照明以日光灯和白炽灯交织的布局为佳，但不能放置过于花哨的彩灯，否则会令人眼花缭乱，顿生疲惫，并且要避免用落地大灯照射。

　　主体照明可选用乳白色灯罩的白炽吊灯，并把它安装在中央。

　　重点部位要有局部照明，它应有利于人们精力充沛地学习和工作。

　　照明高度和灯光亮度也非常重要，一般台灯宜用白炽灯为好。灯光不宜太暗或太亮，否则有损眼睛的健康。

　　应根据台面的大小来选择合适的灯具，因此，在选购书房灯具时，不但要考虑装饰效果，还要考虑灯光的功能性与合理性。

第五节 小户型的开放式书房设计

当家中没有专用书房时，书房会被安排在一些特殊的空间，甚至开辟出来和其他功能并用。

比如，客厅、或卧室的一角可以开辟成书房；阁楼作为书房很僻静，甚至可以作为一个很自我的区域，连卧室的功能也含在其中。

或者有些人把阳台的空间装修起来做一个小书房，这样不但自然光充足，而且便于休息远眺。

虽然没有专门的书房，但是只要有一个空间，摆上桌椅和书架，也能营造出一个让人安心读书的空间。

一、客厅里的书房空间

（客厅——书房开放式设计。）

（客厅——书房隔断式设计。）

一般来说，要将书房和客厅相结合，需要面积较大的客厅，特别是客厅面积超过 40 平方米甚至是 50 平方米的，可以单纯设置一个小书房区域。

另外，客厅的建筑结构中有柱子或梁的，也比较适合将书房加入进来，可以做一个敞开式或半敞开式的书房。

如果客厅面积较小，可以设置一个小型工作区，看书或工作都可以，以简易和合理利用空间为主。

需要格外注意的是，书房和客厅的组合，书房多半是一个辅助性的功能，不能完全替代客厅的功能。但是在设计中，书房和客厅的功能可以合二为一，比如，将客厅的会客区设置得更舒适和更轻松，来客人时可以转化为会客区，无人时则又迅速回归休闲读书区。特别是针对小面积的客厅，利用茶几、储物柜等家具来作为书房功能的体现，完全可以实现两种功能的合理搭配。

二、楼梯角的书房空间

（利用楼梯空间设计书房。）

　　楼梯角的使用要和楼梯的整体风格以及室内整体风格保持一致。

　　简约的楼梯可以节约出不少空间，如果楼梯在住宅的中间，可以选择简约通透效果的楼梯。

　　对于比较宽大的房间，把楼梯间与楼梯角的空间结合起来，是一种很好的方式。

　　楼梯间可以藏书，而楼梯角可作阅读区域。

三、走廊上的书房空间

（利用走廊尽头的空间设计书房。）

　　一个不太能利用上的走廊一般都会被人忽略，但是如果面积够用的话，将一部分变成一个书房也是完全可以的。

　　一般来说，如果走廊是不规则的，特别是有一块角落的面积基本不影响通行，就可以利用起来。

　　在设计上，走廊中加入书房一般是在死角或角落，这样既不会影响正常走路，还能有效利用空间。在这种空间出布置书房时，家具最好定做，而且在摆放时可以利用角度，让视线和空间都感觉宽敞。

四、卧室里的书房空间

（卧室——书房开放式设计。）

（卧室——书房隔断设计。）

面积较大的卧室可以开辟出单独的休闲、工作区。

卧室与书房的结合一般有两种情况，一种是两者分开，各成单独的房间，但中间有门互通；另一种是在卧室的里面设置一个全新书房，它

与卧室连为一体，两者畅通无阻，这种情况需要卧室面积比较大，而且，卧室中人的休息时间要一致。

　　喜欢卧读的人，可在床上放一个可折叠的小型书桌，方便读书时做笔记，也避免手举书时间过长很累。或者在床边设计一张小书桌，双层书架悬吊于空中以节省空间，并用落地灯解决夜间读书的照明之需。

第六节　自由职业者的书房设计

　　自由职业者拥有开放、弹性的工作方式。他们已经不习惯每天朝九晚五的上班生活，而要寻求一种自我独立的办公方式。

　　（书房自成一间，但因为是用透明玻璃墙隔断，所以在视觉上与客厅空间连成一体，使书房在空间上得以延伸，形成整体空间宽敞、大气的感觉。

　　作为自由职业者居家办公的场所，这样的书房可以避免在狭小空间工作时产生憋闷的感觉，有利于放松头脑，提高工作效率。）

在家里办公具有自由掌握工作进度和对办公环境控制自如的两大优势，既能根据自己的喜好设计办公室，增强工作效率、提高工作效益，又可以享受到住家的乐趣，可谓家庭事业双丰收。

一、不同职业者的书房位置选择

书房的理想位置是住宅中央的东、东南、南与西北部。

同时要注意的是，鉴于睡觉与工作不可协调的矛盾，书房和卧室要彻底区分开。

根据业务的类型和事业的发展阶段，要善于利用每一个特殊的方位，才能令事业受益。

以学习和文化事业为主的人，书房宜选择在东南方位，因为东南巽卦是文昌位，有利于学习与研究，最利于学业的突破、著作的完成与研究出成果。

以打理业务为主的人，作为书房的工作室宜选在南方，有利于财运的发展。

而西北方为乾卦，象征事业上的领导力与权力，也象征着在行业中的权威地位。

另外，东北方位属艮卦，有利于理财业，如果投资理财，可以选择东北方位的房间作为书房或工作间。

二、轻松、愉快的工作氛围

家居办公应该创造轻松、愉快的气氛，因为家居毕竟不是单位，过于紧张反而不利于自由职业者创造性的发挥。

当然，自由职业者虽然创造性很重要，但也要约束好自己的行为，行成良好的行为习惯才好，如果生活、工作过于随意，没有规律，很容易遭遇失败。

要达到轻松、愉快的工作氛围，家居书房的装修与设计要注意以下

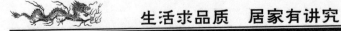
一些要点。

照明尽量采取天然光线，能具备开大窗的房间较好。

电器应该慎重选择，以减弱辐射的影响，并且房间里应有足够的阔叶植物，特别是百合，可有效抵消电子辐射。

要避免纸张、文件夹、书本等办公用品杂乱无章地摆放，因此必须要有足够的储物空间，可以使各类用品都保持整齐。

三、装修色彩的选择

家庭的书房，与单位的办公室必竟有所不同，所以色彩的选择要与家居整体的风格相匹配。

要知道，颜色的运用也会对人的情绪、对工作的效率产生较大的影响。

居家书房建议选用浅色调作为主色，稍微搭配一些亮丽的色彩，形成轻松之中带点活泼的气息，有利于调节工作时紧张的神经。

四、书桌的形状与质地

在通常情况下，大办公桌体现着使用者的权力和地位，使用时令人威严自生，而小桌子则会令人感到在事业上力量的单薄。

家居办公的椭圆桌较长方形桌为佳，有利于长时间的工作，并且避免了磕磕碰碰的情况。

如果每次工作的时间都比较短，可以采用玻璃桌，有助于刺激工作迅速完成；而如果要经常长时间的伏案工作，最好选用木桌，木桌的稳固形态有利于缓解长时间工作的疲劳感。

五、书房桌椅摆放的风水格局

（办公用的书房，一定要遵循"后实前空"的风水格局，后要靠着坚实的墙壁，前面要有一块宽敞的明堂空间，这样才能有好的事业运。

对于用一技之长求生存的自由职业者来说，要想事业有成，或者脱离困境，一定要重视这个看起来简单，但却非常重要的风水原则。）

居家办公室的桌椅摆放要符合风水格局，才能给在家工作的人来带好运。

坐向必须能够望见室内的门和窗户，这其实就是风水格局当中的背实面空原则，后背要稳固坚实，前方要视野开阔。

不能背门而坐或与门同侧而坐，还要尽量不坐在电器旁，否则会导致注意力下降与健康不佳。

六、区分办公区与生活区

对于经常在家办公的人来说，最好把自己的办公区与生活区分隔开来，这点很重要。

　　麻雀虽小，五脏俱全，所以即使在家里也是要有一个划分的，给自己一个独立的办公区，才会对事业运有利。

　　对于在家办公者，办公桌就代表自己的事业运与财运了，所以务必要注意整洁。

　　因为是家中的关系，所以会出现在办公桌吃饭、做家务事等，这类都要避免掉，所谓没有规距，则成不了方圆，只有对事业采取严谨的态度，事业才能发达起来。

第七节　书房家具的选择与购买

　　书房在现代家居生活中担任着越来越重要的角色，它不但是休闲、读书的场所，也是工作的空间。

　　就像车是很多人挚爱的"情人"一样，书房对于一些人来说，比喻成"红袖"一点也不为过。

　　书房里家具的选购和摆放都有很大的学问。书房承担着书写、藏书和休闲的功能，因此，书房中常用的家具，比如写字台、座椅、书柜及书架等，在选购时尽可能配套，做到家具的造型、色彩、风格相一致。

一、写字台

　　写字台内应该有存放文件和小物品的地方。

　　最方便的是在写字台两侧有可拉出的托架，这种托架可用时拉出，用完推回。

　　还有一种写字台也很方便，它的两侧有挂斗，挂斗内可以竖着放硬纸板做的文件夹。

　　写字台桌面的光线很重要。

　　写字台的位置光线应足够，并且尽量均匀。桌面上的明度与周围明

度不要形成强烈对比，因为这样很容易使人产生视觉疲劳。

最好采用可根据需要改变光线方向和光源距离的灯具，比如可调节亮度的吸顶灯或台灯。

写字台的高度要适中，桌下要留有宽敞的空间，要留出腿在桌下活动的足够区域。

在现代家庭中，经常出现两个人同时在家办公和读书，那么可以在沿窗的墙面做个宽 0.50 米、长 2 米的条形写字台，这样就可以同时满足两个人的需要了。

二、座椅

座椅应与写字台配套，高低适中，柔软舒适。

对于经常在写字台周边拿放东西的人来说，最好能购买配套的转椅，以方便人的活动需求。

根据人体工程学设计的转椅能有效承托背部曲线，应为首选。

三、书柜

选择书柜时要根据自己藏书以及买书、买音像资料的数量来预估书柜的大小，如果数量较多的话，首先要保证有较大的存储、摆放功能，并要留有一些多余的存放空间。

藏书籍的空间。书柜的深度宜以 30 厘米为好，过大的深度浪费材料和空间，又给取书带来诸多不便。

书柜的搁架和分隔最好是可以任意调节的，根据书本的大小，按需要加以调整。

四、书架

书架的种类很多。

非固定式的书架只要是拿书方便的场所都可以旋转。

入墙式或吊柜式书架，对于空间的利用较好。

半身的书架靠墙放置时，空出的上半部分墙壁可以配合壁画等饰品一起布置。

落地式的大书架有时可兼作间壁墙使用。这类书架适合放一些大型的工具书，看起来比较美观。

一些珍贵的书籍最好放在有柜门的书柜内，以防书籍日久沾满灰尘。

第八节　书桌与座椅的摆放宜忌

书房的布置着重强调书桌的摆放。书桌的方位，是书房的重点，在具体摆放时必须小心。书桌宜对着北方或东方。写字桌也可以放置在屋角，这样桌前就有一个比较宽阔的空间，可使人的胸襟开阔。

一、书桌宜摆在文昌位

书桌或书房位于文昌位，可促成学业。

对于书房来说，文昌位在书房的东南方位。

一般来说，把书桌安放在东南文昌位，是非常有利于学习、研究与工作的。

但有些房子的格局，使文昌位的风水遭到了破坏，受到了冲击，比如这个位置正好是房门位置，或者这个位置正好与房门相对而被门冲，这样的格局，文昌位的气场被破坏了，就不能安放书桌了。

如果书房的东南方位正好是房门，自然不能摆放书桌；同样，被房门正冲的方位也不能摆放书桌。这些是要注意的，方位虽然重要，但也不能违背风水格局，否则会起到不利学业与工作的效果。

如果东南方的文昌位不能摆书桌，那么就要从人的八字命理入手，

看哪个五行利于主人的学业与事业，这个五行所在的方位如果没有门冲之类的风水格局错误，就可以在这个命理五行喜用神的方位摆放书桌。这是一种个人文昌位的命理风水用法，效果比单用东南方位要好很多，因为这个方位才是对自己的运气最有助益的。

这是专业风水师辨证的风水应用原则。

二、书桌不宜正对窗

在书房摆放书桌时，有些人会把桌子紧贴窗户，摆在窗子下面，认为这样可以充分采光。其实不然，特别是朝南的房间，如果让书桌正对窗户，虽然能保证良好的采光，但正对太阳，光线会过于强烈，如果拉上窗帘，又会影响采光。

正确的做法是，让窗子位于书桌的侧面，根据房子的具体构造，窗子在书桌的左侧或者右侧都行，让光线从侧面照到书桌，这样对看书学习非常有利，既能得到充裕的光线，又不会刺激眼睛，而且当工作疲倦时，还可以打开窗户呼吸到新鲜的空气。

书桌正对并且紧靠窗户，人便容易被窗外的景物吸引分神，难以专心工作。当然这只是从生活常理来讲的不利。其实从风水上讲，书桌面对、紧贴窗子，那么坐椅自然就没有墙体作为靠山，也就是说，坐椅的后面是空的，我们的后背是空的，没有依靠。座椅没有靠山，这样不利与学业与事业的稳步进展。学生的话，学习成绩不稳定，得不到老师的鼓励与支持，成年人的话，在领导眼里是空气，得不到重用，自己也不会亲近贵人，得不到提拔与重用，所以背后没有靠山是不处于事业发展的。

如果座椅靠墙摆放，前面是书桌，再前面是室内的一小块空地作为小明堂，然后才是对面的窗子，这样的格局，是可以对窗的，而且窗外视野较远的话，会成为风水中的外明堂，这样的书桌风水就会感应主人有远大的事业前程。

三、书桌忌摆在门边

将桌子放在门边，靠门口太近，门外的噪声和他人的窥探，会使人不安。读书、学习等就易受到干扰，不易集中精神，效率降低，容易犯错。

四、座位背后宜有靠

背后以墙为靠山，后面有靠山，象征主人受贵人眷顾，上学的儿童得老师宠爱，上班人士得上司赏识与提携，自主创业者多遇贵人。

座椅后面没有靠山，主事业难得进步，没有老师、上级、贵人赏识，不会有提升官职的运气，也没有得到机遇的缘分。

"背后无靠"的情形是风水大忌，必然损及财运及事业的发展。

座位的后方最好不要有窗户，窗是光和风的入口，有空虚之意，只适合在前方较远处，而不适合在自己身后。

五、座位忌背门

人背门而坐，座位后没有依靠，在风水上主生活、工作当中没有依靠，得不到老师、上级的重用，而且后背被门冲，更主经常遇小人背后说坏话、做小动作，对自己不利。

六、书桌用品摆放宜忌

书桌上的办公用品摆放各有讲究，适当的摆放会使思路更有条理。书桌上一定要有山高水低的格局，书桌两头的用品都不能摆放得高过于头，否则象征使用者不能够伸展出头，必须有高有低进行配制。

书桌上可以摆放能增强主人运气的吉祥物。

吉祥物的选择有两种办法。

一种是选择通用型的吉祥物，比如选择文昌塔，有利于学业、事业，

选择貔貅，可以起到招财的作用，等等。

另一种是根据主人的命理喜用神进行有针对性的选择，比如午火是命主的喜用神，那么就在书桌上摆放一座红色奔马的木雕，既象征事业进步，又在五行上增加了命主的运气。

书桌宜保持整齐、简洁、干净，这也是风水的一部分。每一次工作后或读书完毕不要嫌麻烦，将其收拾干净整齐，尽量把垃圾清除掉。这样才有利于下次读书、学习，使其效应得以周而复始，每一次均由整齐开始，由整齐结束，有始有终，有益于迅速开动大脑机器，使思维更灵活清晰。

第九节　书柜的摆放宜忌

书柜是书房里专用于收藏书籍、存放资料的家具，也是必不可少的家具之一。

在购买书柜时，不要选过于高大的，因为书柜太高，很容易形成压迫书桌的格局，使人劳心头昏、心神不定。

选好书柜后，应该如何摆放呢？

一、书柜宜靠墙摆放

将书柜靠墙摆放，让人感觉非常稳定，有利于学业和事业的发展。而且，也可避免无意间碰撞到书柜发生危险事故。

二、书柜宜摆放在座椅后方

因为书柜高大，在家居风水中，高大的家具为山，所以宜把书柜放在身后成为主人的靠山，这样一是方便拿取资料与书籍，二是在风水上

可以助益自己的学问与事业。

三、书柜宜摆在左手边

在风水格局当中，左为青龙，右为白虎，青龙高扬，白虎低头，是阴阳相合的风水。

所以如果书房的室内格局允许的话，最好把书柜摆放在左手边靠墙的位置。形成书房家具在整体高度上左高右低的吉祥布局。

当然，如果左手边是窗户，自然不能再摆放高大的书柜，可以摆放低矮的书柜，以不超过窗台为好。这个时候最好把书柜摆放在身后。

书柜摆放在右手边，在风水格局上不太有利，属于阴盛阳衰。如果书房风水只有这一项不利，那么问题不大。如果出现三处或三处以上的风水格局不利，就会对事业产生明显不利的影响了，而且居家的书房风水阴阳颠倒，还会对婚姻产生一些不利影响，比如妻子过于强势，两人的感情不太融洽等等。

四、书柜不宜摆放在书桌前方

书柜最好不要摆在书桌的正前方，原因是，书柜是室内较高大的家具，相当于风水中的"山"，如果摆放在正前方，高大的书柜会对书桌、对主人产生压迫感，这在风水中就是朱雀方的煞气，主与人相处不洽，也主对财运不利。

当然，如果书房面积较大，而且书桌与前方的书柜中间有较大一块的空间，这个空间除了能摆放一张客椅外，还有余出来的空间，这种空间格局，使书柜不存在对书桌的压迫感，那么书柜就会成为前方的朝山，主贵人相助，这个时候前方是可以摆书柜的。

但这个压迫感与空间大小的火候不太好掌握，这需要专业风水师的判断。所以，对于普通不太懂风水的人来说，最好不要在正前方摆放书柜。

第十节　书房的植物与书画装饰宜忌

一、植物摆放调节心境

（绿色植物可以改善环境、调节心情。）

　　书房环境要求幽雅清静，使人能心无旁骛地在里面专心学习或工作。

　　人们长时间的紧张思考与工作之后，会身心疲惫，所以一个能让人放松的书房环境能使人张弛有度地休息与工作。

　　在书房内摆放绿色阔叶的植物，可以起到缓解视觉神经、放松调节心境的作用，进而大大提高学习与工作的效率。

二、字画装饰的作用

（书房字画装饰效果。）

书房是居家主人个性的直接展现，是完成个人愿望的空间。

在书房内面积较大、较醒目的墙上挂一些与自己志趣相关的字画，能达到启迪智慧、提高修养、增强决断力的作用。

在中国的传统文化中，字画是一种特殊的吉祥饰物，布局在书房或办公室当中的书画，宜少、宜大、宜精，显示一种胸襟与气度，最忌小、多、杂，给人眼花缭乱的感觉。

三、书画内容宜忌

书房内的字画要与书房的整体装饰搭配成一种风格、一种主题，如果风格迥异，反而会对人的情绪起到干扰的作用。

另外，书画的立意要有一定高度，让人在精神上得到升华，提升人的工作效率与气运。

书画的种类很多。

以景观为主的画作，可以让空间更具延伸感，也象征着主人前程远大。

"鱼"、"麒麟"等祥瑞的动物画可以给书房带来活力。

名家的书法作品，意境高远，给人以鼓舞的力量。

但书房当中最好不要挂猛兽图画，猛兽具有很强的掠夺性，伤人害己，这一点作为书房的主人一定要注意。

龙、虎、鹰等猛兽，只适宜市场竞争非常激烈的行业，或者武行，或者一些偏门行业，而且挂放、摆放时要注意，猛兽的头部要朝向书房门、或窗外，而不要对着书桌，以免对主人产生不利影响。

第十四章　家居阳台布局

阳台是居室向室外延伸的空间。

在现代社会，各个家庭越来越重视居家的个人隐私，邻里串门的情况也变得稀少，下班回家后，大门关起，这时，家居环境与室外环境沟通就只有通过窗户与阳台来实现了。

而阳台是能实现在家中就能感受到室外环境的唯一空间，尤其是老年人或者在家办公的自由工作者，阳台对他们来说非常重要。尤其是高层住宅，阳台显得更加重要，感到闷的时候，来到阳台上透一透气，会让紧张的头脑与杂乱的心情得到充分的放松。

阳台还是居家晾衣、或者种植花草美化环境的地方，这两种功能是其他房间难以具备的。

第一节　阳台要避免的布局形煞

阳台风水中最重要的是什么呢？

是我们站在阳台上向周围看时，在视野所及的范围之内，不要看到明显的风水形煞。

比如别的楼房墙角冲射，容易给家人带来伤病；比如看到高大的烟囱，这种形煞多引起心脏、血管类疾病；比如看到电信发射塔、变压器、化工厂、加油站等，易引发家人神经衰弱等病症；比如看到小区内的亭子檐角对冲过来，主手术伤灾；比如看到近处有污水河、垃圾站、半拉子工程等等，这些风水形煞，都会给家人的泌尿系统、肠胃系统带来不

利影响。

（阳台、窗户对面的楼角冲射是风水煞气。）

（阳台对面的电线杆是风水煞气。）

　　所以，我们在买房、租房时，走到阳台上察看风水，第一要务就是看视野可见之处是否存在这些风水煞气。如果有，而且是长期存在不可更移的、我们自己无法改变的，就尽量不要住这样的房子，因为住进去一段时间之后，各种不利就会接踵而来。

　　在阳台上向外看，视野之内是干净、平整的小区道路，或者是花园、草地，或者小形状秀美的长廊，或有人工小河曲曲流转，这才是吉祥助运的风水。

第二节　阳台的朝向与方位

一、从风水角度选择朝向

　　从风水角度来讲朝向的话，不同的朝向，对不同人的影响是不同的，并不存在某一个朝向是吉，某一个朝向就凶的说法。记住，只有专业研究命理与风水，并且负责任的风水师才会分析出对您最有利的阳台朝向。因为这要先分析您的命理八字，或者分析您摇的卦，通过对五行的分析，确定对您最有利的干支五行，才能确定一个或几个对您有利的住宅纳气口。

　　阳台、门、窗都是纳气口。

　　阳台朝向哪个方向，就会纳入哪个方向的五行之气，那么住宅风水当中，这种五行之气就强一些。这是阳台风水中的理气要义。

　　明白了这一点，我们就可以有目的地选择对自家运气最有益的阳台朝向。

　　比如一个人的命理当中，喜用神是甲木，东方为甲卯乙，如果阳台正好在二十四山方位的甲方，那么就可以纳入对主人最有益的甲木之气，这个阳台朝向，就能大大助益主人的运势。

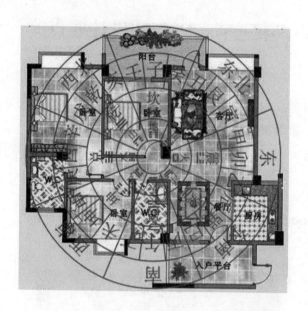

（阳台位于坎卦位，可以纳入壬水、子水、癸水之气。）

二、从生活常理选择朝向

从日常生活常理来讲，南方的住宅，因为夏天日照过于强烈，所以阳台向西南、正西的房子，在午后室内会非常炎热。即使挂上透明的窗帘，挡住一些阳光，也比其他朝向的房子温度高很多。

所以，南方的住宅，阳台朝西南、正西的话，炎热的气候会让家人不适，如果使用空调的话，耗电量也比其他朝向多些。

其实这些年来，全球气候变暖，北方很多地区，到了夏天气温也非常高，所以如果有老人或小孩经常待在家中的话，还是不要选阳台在西南或正西的房子，这样可以避免夏天时午后的酷烈阳光。

第三节　阳台的设计要点

　　阳台的面积一般都不大，约在三五平米之间，如果安排不当会造成杂乱、拥挤，如果经过了完美的规划，就会成为客厅的一部分，能够成为沟通外界与室内空气效果最好的空间，也能成为一个小巧舒适的休闲区。

一、功能设计

（阳台花卉摆放、洗衣机、洗手池的分区设计。）

（阳台一侧花卉架、洗衣机、洗手池整体设计。）

（阳台洗衣区与休闲区设计。）

（阳台花卉架。）

（阳台绿植景观与休闲设计。）

现在有些住宅都有 2—3 个阳台，装修前先要分清主阳台、次阳台，明确每个阳台的功能。

一般与客厅、主卧室相邻的阳台是主阳台，功能应以休闲为主，可以装成一个开放式的小茶室、或者开放式的休息区。

主阳台墙面、地面的装饰材料也应与客厅或卧室一致。

次阳台一般与厨房或与客厅、主卧室以外的房间相邻，主要晾衣、储物的功能，当然，这里摆放的东西不宜过多。

二、安全设计

（高层住宅阳台的落地窗要加装坚固的钢铁安全护栏。）

大多数住宅的阳台结构并不是为承重而设计的，通常每平方米的承重不超过 400 千克，因此在装修阳台时一定要了解它的承重，装修储物都不能超过其荷载，尽量少放过重的家具，以免造成危险。

封阳台时尽量不要为多扩点空间而将阳台探出一截，这样不仅危险，而且不美观，物业管理部门也不允许。

高层住宅的阳台，最好加装护栏，因为阳台是家人常常驻足眺望的地方，安全设计很重要。

三、防水排水

（阳台地面排水设计。）

未封闭的阳台遇到雨天会大量进水，所以地面装修时要考虑水平倾斜度，保证水能流向排水孔，不能让水对着房间流。

许多家庭在阳台上设置水龙头，放置洗衣机，洗涤后的衣物可直接晾晒，这就要求必须做好阳台地面的防水层和排水系统。

若是排水、防水处理不好，就会发生积水和渗漏现象。

四、阳台照明

　　（阳台安装吊灯虽然好看，但并不实用，因为刮风时会不安全。除非是有玻璃窗封闭的阳台，否则最好安装吸顶灯或壁灯。）

　　（阳台壁灯装修效果。）

晚上，我们可以在阳台建成的休闲区小坐一下，眺望远方的夜景，或者在阳台洗晾衣物，所以阳台也要安装照明。

灯具可以选择壁灯或草坪灯之类的专用室外照明灯。

喜欢清凉的感觉，可以选择白色的吸顶灯。

喜欢温暖的感觉，可以选择黄色的吸顶灯。

五、遮阳防晒

为了防止夏季强烈阳光的照射，可以利用比较坚实的纺织品做成遮阳篷。

遮阳篷本身不但具有装饰作用，而且还可遮挡风雨。

遮阳篷也可用竹帘、窗帘来制作，应该做成可以上下卷动的或可伸缩的，以便按需要调节遮挡阳光照射的面积和角度。

第四节　阳台的装修要点

阳台的装修是室内建筑的外延，是室内空间与外部空间沟通联系的纽带，是居住者呼吸新鲜空气、远眺开阔心境、摆放花卉美化环境、晾晒衣物被单的多功能、多用途场地。

阳台使我们足不出户，就能与大自然交流情感。

这一方小小天地，真的应该好好的利用和美化。

一、阳台地面的装修

如果居室面积够用的话，阳台不封装，可以使用防水性能好的防滑瓷砖，这种瓷砖不仅易于清理，而且铺起来比较美观，不容易被雨水淋坏。

如果封装了阳台，并且和室内打通，就可以使用同室内一样的地面装饰材料。如果需要在阳台晾衣，要首选防滑地砖，防止水滴到地上使人滑倒。

二、墙面和顶部的装修

同样的道理，如果阳台不封装，则可以使用外墙涂料；如果阳台要封装，就可以使用内墙乳胶漆涂料。

此外，装饰阳台时，应特别注意安全。

阳台一般是悬挑于楼外的，经不起太大的重量和猛烈的撞击，不能在阳台上堆放过于笨重的杂物。

同时要告诉家中的孩子，不要在阳台上蹦跳，做激烈的运动，不要来回摇动阳台栏杆，以免栏杆底部的焊缝断裂。

三、阳台防水装修

阳台装修要注意两个方面的防水。

第一个防水指的是阳台窗的防水。

在南方，阳台窗的施工技术，往往是能否安然度过台风季度的关键所在。很多人家在雨季、台风季阳台漏水，都是因为窗与阳台之前结合处的密封不好所致。

阳台窗的防水，也要重视窗的质量，窗柜与玻璃之间的密封性要好，另外，如果自家对窗子进行改装，要注意，防水框的里外向不要搞错。

第二个防水指的是阳台地面的防水。

阳台地面的防水，要确保地面有坡度，排水口所在位置一定要在坡的底部，这样设计，雨天来临的时候，阳台才能顺利排水，不会出现积水的状况。再者，还要注意，要确保阳台地面比客厅地面低些，和客厅至少要有2—3厘米的高度差，这样才能防止台风季时，雨水倒流室内。

四、阳台的封装质量

阳台封装质量是阳台装修中的关键。

要注意它的抗风力，安装要牢固。

窗扇下口最容易渗水，一般是窗框下预留 2 厘米间隙，用专用密封剂密封或用水泥填死。

有外墙窗台的，要向外做流水坡，使水流不能积存于窗台上。

第五节　阳台改造实用设计

阳台的改造设计有两种思路，一是实用型，二是体闲型。

实用型就是把阳台改造具有一定实用功能的空间，比如改成餐厅、厨房、储物间、晾衣间。

休闲型就是把阳台改造成品茶、看书、养花之类的休闲空间。

无论哪一种改造，都是结合自家情况，因地制宜的结果，满足自家的生活需要。

一、阳台改造成休闲区

（阳台改造成休闲区。）

如果家里的房间较多，空间较大，就可以考虑把阳台改造成休闲区，使阳台成为家庭当中内外环境得以沟通的一个空间。

因为一般阳台面积相对较小，所以可以采用装饰性强的小

块墙砖或毛石板作点缀，以突出阳台的休闲功能。

如果有面积较大的阳台，就可以用质感丰富的小块文化石或窄条的墙砖来装饰墙壁。

阳台作为休闲区，还得种上些绿色植物、花卉才好，如常青藤类的植物在夏天攀爬于阳台上，显得生机盎然，不仅起到了装点墙面的作用，还有利于人体健康。

二、阳台改造成书房

（卧室阳台改造成书房。）

这不是指客厅的阳台，而多是指主人房卧室所带的阳台。

多数人家的住宅是二居室三居室，并没有单独的书房，如果主人爱看书学习的话，可以考虑把卧室的阳台加以改造，成为一个与卧室连成一体的半开放式书房。

把阳台与卧室打通，使两片空间连成一体，在阳台两侧靠墙的位置

装上层层固定式书架，再放上一张小巧的书桌，伴着柔和的台灯，一个半开放式的小书房就大功告成了。

如果装修时把阳台与卧室的地面铺成一色的地板，则会令空间增大不少。

三、阳台改造成厨房

（阳台改造成厨房。

把原有厨房空间与阳台打通，连成一体，进行整体厨房设计装修。）

这不是指客厅或卧室的阳台，而是指厨房自带的阳台。

因为厨房带有阳台，所以，可以考虑把阳台与厨房打通，连成一体。

这时，可以利用阳台的一角建造一个储物区，存放蔬菜、食品或不经常使用的餐厨物品。

四、阳台改造成餐厅

（阳台的休闲区也可以作为餐厅。）

（把客厅与阳台打通，连成一体，可以形成一个扩展的餐厅。

可以在靠近阳台一侧设计一座吧台，立刻就为居家增添了浪漫气息。）

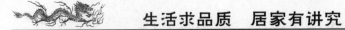 
　　如果靠厨房的阳台面积比较大，而主人是二口或三口之家，还可以把厨房外面的大阳台改造成一个温馨的小餐厅。

　　对于居住在公寓的都市人来说，阳台是和外面世界沟通非常重要的过渡。在天地间吃饭、喝茶、聊天……令人向往的悠然自得。

（楼顶阳台休闲区。）

　　如果是阳台面积较大又位于顶楼，应该属于"露台"。

　　可在阳台上加上透明的弧形采光顶，就可使阳台当休闲餐厅，休息的时候可以当做休闲茶座，一边喝茶聊天，一边远眺夜景，非常舒适怡然。

第六节　阳台的装饰要点

　　由于阳台的面积很小，通过植物、灯光、材质、家具四大元素的合

理搭配，阳台会更显精致、美观。

一、植物——绿叶衬红花

在现代居室中，人们往往远离大自然，因此需要在空间中多增添一些绿色。

可把阳台一角设计为一个花草展区，墙面上装饰绿色的小瓷砖就是最好的背景。

绿色植物就如春的使者，撩起人们对美好生活的种种遐想，那生生不息的感觉让人对生活充满了信心。

在阳台外侧装一个小铁架，错落有致地放置各种各样的盆栽和鲜花，阳台内侧和扶栏上可以种植牵牛花、常青藤、葡萄等攀藤植物，看到它们爬到墙上垂成一片，既装饰了墙面还可以在夏日遮阳。

二、灯光——浪慢又惬意

灯光被人们称为"调情的高手"，精心打造之下，夜晚的阳台可以更加迷人。

很多人忙碌了一天，晚上才可以在阳台上坐坐，安一盏吸顶灯显然是不够的，选用一些地灯、草坪灯、壁灯，甚至可以用活动的防风煤油灯或蜡烛灯来达到意想不到的效果，营造那一种诗情画意的氛围。

看灯影朦胧，幻想萦绕，许多美好的感情和事物总会发生在这里。

三、材质——自然最美丽

　　阳台是居室中最接近自然的地方，所以应尽量考虑采用全天然的材料。

　　天然石和鹅卵石都是非常好的选择。

　　纯天然的材料则比较容易与室内装修融为一体，用于地面和墙身都很合适。

　　鹅卵石对脚底有按摩作用，能舒缓疲劳。

　　光着脚踏上阳台，让肌肤和地面最亲密接触，感觉舒服自在。

四、家具——休闲又实用

　　在阳台添上与情境相符的家具，会为阳台增色不少。

　　阳台窄一点的，可以放上一张逍遥椅；宽一点的，可以摆放儿对漂亮的小凳。

　　大型的露天阳台内，一把亮丽的遮阳伞，可以让阳台顿时显得生动许多。

阳台最好选用防水性能较好、不易变形的家具。

木质家具比较朴实，最贴近自然；金属不锈钢家具较能承受户外的风吹雨打；色彩多样的塑料桌凳充满活力，都是不错的选择。

第七节　阳台观赏植物的选择

在阳台摆放一些观赏植物，除了可绿化、美化环境之外，还能给我们的生活增添许多美感和情趣。

我们可以在阳台营造小型山水景观，并种植花草，使阳台成为一个可供家人休闲小憩的小花园。

在阳台营造小型山水景观，既要大小适中，又要美观实用。

在阳台摆放植物也不是一件简单的事情，并非随便挑选一些室内植物摆放在阳台就万事大吉。

一、阳台植物可净化空气

阳台是住宅与大自然最接近的地方，是住宅纳气的重要门户，由于现代人的生活习惯，进了家门之后关闭大门，所以，阳台对纳气的贡献甚至超过了大门，所以对阳台的植物美化就显得非常重要了。

在阳台摆放具有强大生命力的观赏植物，可以通过植物的光合作用，起到非常好的净化空气作用。

从实用的角度讲，阳台植物可美化室内环境，缓解视觉疲劳和精神压力，增添生活情趣。

另外，由于阳台植物的存在，可以调节室内空间的温度、湿度，在炎热的夏季带来清凉，在冬季可缓解干燥。

更为重要的是，很多城市雾霾天气增多，空气污染严重，如果空气中的灰尘和有害气体经阳台进入室内，对居住者的健康极为不利，而阳

台植物能起到吸附灰尘或吸收有害气体的作用，可以净化室内空气，大大减少空气污染的危害。

二、适宜阳台的植物

很多人都会在阳台上摆放喜爱的植物，可是不是所有植物都是有利的。

最好选择适合的植物，不仅美化环境还可以提升家居运势，可谓一举两得。

1. 万年青

万年青属天南星科，干茎粗壮，树叶厚大，颜色苍翠，极具强盛的生命力。大叶万年青的片片大叶，似一只只肥厚的手掌伸出，向外纳气接福，对家居运势有强大的壮旺作用，所以万年青的叶子越大越好，并应保持长绿长青。

2. 金钱树

金钱树叶片圆厚丰满，易于生长，生命力旺盛，吸收外界金气，极利家中财运。

3. 铁树

铁树又名龙血树，市面上最受欢迎的是巴西铁树。铁树的叶子狭长，中央有黄斑，铁树寓意坚强，补住宅之气血，是重要的生旺植物之一。

4. 棕树

其干茎较厚，树叶窄长，因树干似棕榈，而叶似竹而得名。棕竹种在阳台，可保住宅平安。

5. 橡胶树

橡胶树树干挺拔，叶片厚而富光泽，繁殖力强，易于种植，户外户内种植均宜。

6. 发财树

发财树又称花生树，它的特点是干茎粗壮，树叶尖长而苍绿，耐种易长，充满活力朝气。

第八节　阳台布局禁忌及化解方法

阳台是家居的纳气之处，也是住宅与室外空间最接近的地方。

由于阳台是室内与室外交通的重要门户，所以阳台是化解不良气息的第一道防线，故而阳台的设置也非常重要。

当我们发现阳台外的景观与设施对家庭形成了风水煞气以后，要学会一些化煞的方法，减轻煞气的作用，增益居家的气运。

一、阳台不宜面对街道直冲

如果从阳台向外望，前面有街道直冲而来，这在风水上叫做枪煞，对家中气场造成强烈干扰，是很不利的风水格局，主破财、伤病等事。

从现代科学知识的角度来讲，直冲而来的路，会有车辆快速行驶而过，带起的气流与噪声会不断经由阳台冲击室内，打乱平和的生命磁场，对住户安静的气氛产生影响，不利于住户的健康。

化解方法：在阳台的窗台上摆放一排观赏花，并在里面的窗台上放一对铜龟；如果是一楼阳台的话，在阳台外侧墙根处摆放泰山石敢当，化煞效果非常好。

二、阳台不宜面对尖角冲射

在中国的传统观念里，素喜圆融，而对于尖角特别敏感，应尽力避免。

尖角冲射在风水当中，多应发生伤灾、手术等意外伤害。

一般常见的尖角，大多是邻近楼宇的尖锐屋角，这些直冲过来的尖角，越尖越近就越不利于宅运与家人的健康。

化解方法：摆放阔叶盆栽进行半隔断遮挡，同时在窗台上方摆放一对铜龟，头向外，用以化煞，或者在窗台上方悬挂八卦凸镜来反射破解煞气。

三、阳台忌对卫星发射塔

卫星发射塔的电磁波对人体健康不利，但塔若在 500 米之外，电磁波的强度会减弱许多，越近越对家人不利。

化解方法：阳台摆放阔叶观赏植物，用以吸收化解煞气。

四、阳台不宜面对反弓路

城市的街道有弯有直，倘若从阳台向外望，看见屋前的街道弯曲，而弯角直冲向阳台，这就是"街道反弓"的格局。

反弓煞会产生十分不利的影响，使家庭关系不和，反弓到哪个卦位，就会对相应的人产生严重不利影响，比如反弓在东方震位，就会对排位的长子不利，在巽位就会对长女不利，事业、财运、婚姻、健康等多方面长久不利。所以，有条件重新选房的，最好搬离，没条件的进行风水化解，减轻不利。

化解方法：阳台上方挂八卦凸镜，阳台的窗台上头向外摆放一对麒麟，在阳台地面摆放泰山石敢当，在阳台的窗台上种植一排观赏化的植物墙，形成植物隔断。

五、阳台不宜正对大门

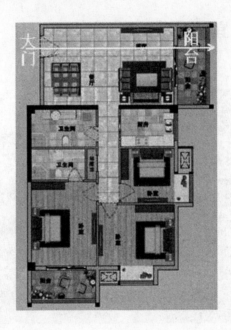

　　阳台正对自家大门，气流会穿堂而过，主家中不断漏财，存不住钱，生活艰难。

　　化解方法：在进大门处设玄关隔断，使气流在大门与阳台之间曲缓回折。

六、阳台不宜杂物堆积

　　阳台作为住宅与外界交流重要的空间，是住宅纳气的重要通道，不容忽视。

　　许多人喜欢在阳台堆放杂物，这样不仅会影响家居空间的美观、舒适，还会破坏家庭的运势。

　　住宅风水，除了格局形势之外，最重要的就是干净、整洁，这也是风水旺运的重要内容。

第十五章　家居过道与楼梯布局

　　过道和楼梯是家人经常走动的地方，承载着全家人的气场和运气，也决定了家人日常生活的方便程度。

　　经过精心设计的过道和楼梯，可成为居家环境的一道靓丽的风景线。

　　从风水角度来讲，室内的过道即是气场流通的通道，曲缓有情是其要点，最忌直来直去、一通到底的漏气格局。

　　气流进出口的方位理气，是过道风水的重中之重。

第一节　过道方位布局要诀

　　过道是家人走动的地方，也承载着全家人的气场，其方位与格局的好坏与家运有着重要联系。

　　过道的方位是指什么呢？

　　指两端的气流进出口的方位。

　　过道是气流经过的地方，也是家人穿行室内走动的地方，所以过道的方位就是指过道的来方与去方。

　　如果按人的走动来说，大门是室内过道的起始方位，而窗、阳台，是过道的结束方位。

　　如果按气流的流动路线来说，来方与去方并不那么容易区分，而且也不必区分。因为气流的来去会随空气的流动而产生变化，在门窗敞开的情况下，门与窗都可能成为气流的来方，也可能成气流的去方。

　　总之，对于过道来说，大门、窗子、阳台，甚至包括吸油烟机的排

气管出口，空调机的换气口，只要是家宅墙体开了口子的地方，都是气流来去进出的地方。

所以，过道的两端，就是气流的进出口，进出口就是换气的方位，纳气与出气都由进出口的大门或窗子完成。

两个进出口之间，最忌一线直冲，气流直进直出，就犯风水上的穿心煞，其中最严重的就是大门与窗子在一条线上直冲。

从方位上来讲，过道的来去方，也就是家宅气流的进出口，是有五行方位的，对家人的运气会产生影响。

风水上，把方位划分为八卦八方，更细分为二十四山方位。

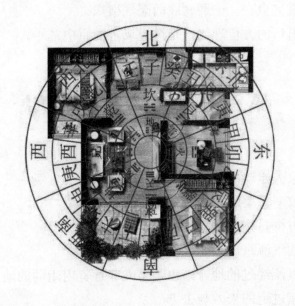

以下就是八卦二十四山的方位、五行分布：

东方震卦，甲、卯、乙。

东南巽卦，辰、巽、巳。

正南离卦，丙、午、丁。

西南坤卦，未、坤、申。

正西兑卦，庚、酉、辛。

西北乾卦，戌、乾、亥。

正北坎卦，壬、子、癸。

东北艮卦，丑、艮、寅。

举例来说，一个人的八字当中，甲木是喜用神，对命主的助益作用最大，那么如果在家中的甲木方位，如果开了门、窗、或者有阳台，那么说明甲木之气在此来去，能纳入甲木之气，自然对主人运气产生巨大帮助。如果甲木是印星，主有文上之喜，如果甲木是官星，主事业上多有提升，如果甲木是财星主财运丰厚，余者以此类推。

同样，如果一个人八字当中，甲木是忌神，而且是非常有力的忌神，那么，如果在甲木方位有门或窗，那么，就会对主人运气产生不利影响。尤其是在甲、寅流年，时间的五行之力与家宅的方位五行之力叠加的时候，就是产生明显、重大不利的应期。如果甲木是比肩为忌，那么就会引起破财；如果甲木是官杀，就会引起降职、失业、疾病等不利；如果甲木是财星为忌，此年不但财运不好，还会引起婚姻或情感方面的打击；等等，余者以此类推。

这一节讲的不仅仅是过道，更扩展到气流的进与出。

留一个问题，大家以举一反三，油烟机的排气口，排出的是污浊之气，它应该在命理喜、忌神的什么方位排出？

由此引申，那么下水管道，卫生间的管道排污口，应该由什么方位排出？对此感兴趣的人可以学习一下笔者的《风水点窍》一书，系统地学一下先后天八卦的风水要诀。

如果我们懂得这种风水原则，那么在购房或者租房时，就能有意识地挑选那些换气口开在我们命理喜用神方位的房屋，避免那些门窗方位开在我们忌神方位的房屋。

以风水原则看房，除了外环境格局，看室内格局，就是看这种纳气口的方位理气。这是风水中的要诀，是命理学与风水学，两门学问合而为一的要诀。

所以，高水平的风水师，除了懂风水格局与理气之外，必然要精通命理学或者卦理，如此，才能在风水的布局水平上更上一层楼。

第二节　过道环境格局

一、过道宽度

在一般情况下，客厅过道净宽不宜小于 1.2 米，因为过道除了要考虑方便平日行走之外，还需考虑搬运写字台、大衣柜等物品的通过宽度。

尤其在入口处有拐弯时，门的两侧应有一定余地。

通往厨房、卫生间、储藏室的过道净宽可适当减小，但最好不要小于约 0.9 米，以免影响日常行走。

二、避免过道切割

一些面积稍大的住宅，房间与房间之间多会形成一条过道，面积越大，过道就容易越大越长。

要避免过道把房子一分为二。

长长过道把完整的住宅一分为二，暗示着"分家"的寓意，会影响夫妻之间的感情。

遇到这种情况，要进行化解，可将过道的长度缩短至不超过房子长度的三分之二；如果过道不便改动，可以在过道中间加上屏风或珠帘来减轻负面的影响。

三、过道忌冲卧房门

住宅里的过道不可直冲卧房门，否则会令气流直接冲进卧室，破坏卧室的私密性，不利睡眠，更会影响夫妻间的情感。

　　设计时为了避免这点，可在过道处安放镂空的屏风，使气流曲缓有情，变不利为有利。

　　如果因为空间面积问题，设不成屏风，也可通过摆放阔叶植物、悬挂珠帘等方式，使过道急而直的气流变缓，起到风水化解的作用。

四、过道上方忌有横梁

　　横梁是装修设计中应注意的问题，也是较难处理的一个部分。

　　如果过道上方出现横梁，不仅有碍美观，也会使人心理有压迫感，这种不利的风水格局会使家人工作当中时常出现阻力，做事不顺利，影响一家人的运气。

　　遇到这种情况，必须要做吊顶，把横梁挡住，这样既美观大方，又可将横梁的煞气化解于无形。

第三节　过道的色彩与照明

　　过道通常远离窗户，光线不佳，因此在色彩与照明上要讲究技巧，同时还可以通过颜色与灯光为过道营造出艺术氛围。

一、过道色彩宜明亮

　　过道色彩以明亮而不刺眼的颜色为宜，以单纯而不单调的暖色系为主。

　　过于鲜艳繁多的颜色，会让过道空间显得杂乱无章，通过视觉刺激人的大脑，让人的情绪处于紧张状态，不仅不能给人带来好心情，还可能会导致家人生活与工作中出现混乱的局面。

二、过道灯光不宜五颜六色

　　设置过道灯饰的时候要注意，切忌安装五颜六色的灯管。

　　一些住宅在走廊天花板上安装紫色、蓝色、绿色等色彩缤纷的灯管，然后再在光管下安装透明玻璃。这样当人走过的时候，感觉很悬，会造成家人的情绪不安稳，不利家人健康。

　　因此，在选择走廊灯饰的时候，尽量选择光线柔和的灯管。

三、过道不宜大量用射灯

　　射灯的效果是重点强调某一物件，用在过道里过于刺眼，不利于家居生活的放松与修闲。

　　此外，考虑到夜间的使用效果，可将光源开口朝上，使灯光经顶面

反射下来，由于没有裸露的光源与灯具，整个室内空间显得完整且无眩光，光源发出的光在空间中分布得均匀柔和，不会因为光线过于强烈而感到刺眼不适。

四、过道宜有长明灯

如果过道过于阴暗，可以考虑安装长明灯来弥补光照的不足，并让过道一直处于明亮的状态之中。

这是因为过道是家人经常走动的空间，太过阴暗的话每次经过都需要开灯照明，经常开关不仅麻烦，而且容易出现电路故障，保持长明灯照明，既方便家人，又象征着一直敞亮，可为家庭带来好的运势。

第四节　过道的装修要点

很多家庭在家居装修的时候容易忽略居室当中过道的装饰，但事实上，过道作为沟通各个居室的通道，装修设计的好坏也会直接影响到整个家庭布置格局。

如果过道布置得不好，很容易给人造成黑暗、古板、潮湿的感觉。

一、过道天花板

在装饰过道天花板的时候要考虑到亮度问题，可以用浅色调墙纸或涂料。

二、过道边墙

在面积稍大的一边墙上，安贴一块较阔的茶镜玻璃，镜面四周用银白色的铝合金条镶框，下方墙脚处放置盆景或花卉予以衬托。

如果茶镜能反衬出室外的树木等景色，则有借墙为镜，引进空间的良好效用，上下内外相映生辉。

倘若过道较宽，可在一侧墙面安装内有多层架板的玻璃吊柜，可放些纪念品等物，张贴几幅尺度适宜的金属画，更能增添雅致的气息。

三、过道地面

在对过道的地面进行装饰的时候要重点考虑耐磨及易清洗的特点，可多铺地砖或大理石。

如果家中有老人和小孩的，一定要考虑增加防滑措施，比如铺设防滑垫，使用地毯也未尝不可。

四、过道宜整洁通畅

干净整洁的过道，会给居住者带来畅快的心情，也方便居住者随意行走，在风水中，也喻意着办事顺畅，阻力少。

如果在过道堆放过多杂物或者垃圾，不但会影响居住者的心情和生活，这种杂乱的风水也会感应到生活当中，做事毫无头序，多败少成，非常不利家运。

第五节　楼梯环境格局要点

从住宅整体而言，最讲究的是"气"的流动。

"气"，即是户外具体意义上的新鲜空气，也是抽象意义上的"运气"和"财气"。

住宅内通向上一层楼的楼梯，不但能走人，还能运"气"，加强"气"在屋内的流动。

正因为室内楼梯是气场的一种流动通道，所以楼梯的格局会对家运产生明显影响。

一、楼梯不宜正对门口

在设计楼梯时，应尽量做到不让楼梯口正对着大门，可采取以下三种方法：

一是把楼梯的形状设计成弧形，使得梯口反转方向，背对大门。

二是把楼梯隐藏起来，最好隐藏在墙壁的后面，用两面墙把楼梯夹住，这样家人上下楼梯时会更有安全感。

三是在大门和楼梯之间放置一个屏风，作为缓冲空间。

二、楼梯不宜位于住宅中心

楼梯的另一个忌讳是将其设置在住宅的中心。

因为房子的中央被称作"穴眼"，是"气"的凝结点。一般认为，这里是全宅的灵魂所在，是最尊贵的地方。

如果把楼梯设置在屋子中央，则显得"喧宾夺主"，楼梯用来走人，人上上下下，令这个地方喧闹不宁，自然也不会给家人带来好运。

三、楼梯不宜直通卧室

楼梯具有鲜明的指向性，面对楼梯，人们都会不由自主地拾级而上，所以切忌让进门处的楼梯直接指向卧室门，这样会将人们的目光引向私人空间，因此，如果楼梯直通卧室的话，不利于家人保护隐私，也会让来访者感到尴尬。

四、楼梯设置要与总体风格统一

楼梯设置还要注意与整个住宅空间环境总体风格相一致。

和谐、统一，是居家环境最主要的原则，如果楼梯的设置过于突兀，装饰过于哗众取宠，必然会让居住在其中的人觉得不适。

第六节　楼梯材质的选择

楼梯是整个室内装修的一部分，选择什么样的材料做楼梯，必须与整个装修协调一致，否则会觉得不伦不类，多花了钱而达不到理想的效果。

一、木制品楼梯

　　木材本身有温暖感，与地板材质和色彩容易搭配，施工相对也较方便，是大多数人的首选。

　　选择木制品做楼梯时，对柱子和扶手的选择，应做到木材和款式尽量般配。

二、铁制品楼梯

　　铁制楼梯一般来说都是木制品和铁制品的复合楼梯，具有美观耐用的特点。有的楼梯扶手和护栏是铁制品，而楼梯板仍为木制品；也有的是护栏为铁制品，扶手和楼梯板采用木制品。比起纯木制品楼梯来，这种楼梯似乎多了一份活泼情趣。

　　楼梯护栏中锻打的花纹选择余地较大，有柱式的，也有花纹组成的图案；色彩有仿古的，也有以铜和铁的本色出现的。这类楼梯扶手都是度身定制的，加工复杂，价格较高。

三、大理石楼梯

　　选择这种楼梯的家庭，一般已在地面铺设大理石，为保持室内色彩和材料的统一性，用大理石继续铺设楼梯。

　　这种类型的设计，在楼梯扶手的选择上可采用木制品，这样会给冰

凉的空间增加一点暖意。

四、玻璃楼梯

玻璃楼梯比较适合现代派青年人。

玻璃大多用磨砂的钢化玻璃，不全透明，厚度在 1 厘米以上。

这类楼梯也可用木制品做扶手。

五、不锈钢楼梯

不锈钢楼梯属后现代风格，能满足业主对于个性的要求。

清洁时尽量使用防锈水擦拭，以保证楼梯光亮如新的装饰效果。

这种楼梯的缺点是造价高，色调过冷，而且棱角比较多，容易造成磕碰，有小孩的家庭不宜选用。

第七节　楼梯装修的细节

楼梯由许多零部件组成，如果忽略了细节处理，会出现许多问题。

一、避免产生噪音

楼梯不仅要结实、安全、美观，在使用时还不应发出过大的噪声。

踩在楼梯上所发出的咚咚声是很可怕的，尤其是在夜深人静的时候。

楼梯的噪声与踏步板的材质以及整体设计有关系，也与各个部件间的连接有关系。

二、锐角要消除

楼梯的所有部件应光滑、圆润，没有突出、尖锐的部分，以免对孩子造成伤害。

楼梯的踏板，要注意做圆角处理，避免刮伤脚部。

三、扶手要舒适

如果采用金属作为楼梯的栏杆扶手，最好要求厂家在金属的表面做一下处理，尤其是冬季，金属冰冷，会让人感觉特别不舒服，这对老年人尤其重要。

四、栏杆防夹头

扶手栏杆间距要适当，以防止小孩夹头或从楼梯坠下。

安装玻璃护栏可以避免了很多不安全因素，造型上也很美观。

第十六章　家居色彩布局

换一种色彩，就是换一种心情，不同的色彩，给人带来不同的心理感受。

家居布置，应尽量选择让我们心情"快乐、舒适"的色彩。

不论我们在外面时心情怎样，只要一踏进家门，心情都会好起来。

没有难看的颜色，只有不和谐的配色，关键在于搭配，只要搭配得好，都会产生良好的效果。

在居室中，色彩的使用还蕴藏着健康的学问。不同的色彩会对人的健康与心理产生不同的影响。

第一节　各功能房间色彩的选择

太强烈刺激的色彩，易使人产生烦躁的感觉或影响人的心理健康。而色彩的亮度对比适中，会让人产生舒适的感觉。

1．客厅

客厅用浅玫瑰红或浅紫红色调，再加上少许蓝色的点缀是最"快乐"的颜色，会让人进入客厅就感到温和舒服。

2．卧室

卧室用浅绿色或浅桃红色会使人产生春天的温暖感觉，适用于较寒冷的环境。

浅蓝色则令人联想到海洋，使人镇静，身心舒畅。

3. 书房

书房用棕色、金色、紫绛色或天然木本色，都会给人温和舒服的感觉，加上少许绿色点缀，会令人觉得更放松。

但是，居室颜色对人的情绪影响也是相对的，具体运用中还应结合家庭成员、个人习惯，而不必强求一致。

4. 厨房

厨房用淡黄是快乐的颜色，而厨房的颜色越简洁，越能给家庭主妇带来愉快的心情。

乳白色的厨房看上去清洁卫生，也是一种很好的选择。

5. 餐厅

餐厅以接近土地的颜色，如棕、棕黄或杏色，以及浅珊瑚红接近肉色最为适合，灰、芥茉黄、紫或青绿色常会叫人倒胃口，应该避免。

如果你正节食减肥，可把餐厅布置成使人产生凉爽感的蓝色、绿色或灰色，你还会感受到食物的美味，但你胃口却"变小"了。

6. 卫浴间

卫浴间用洁白的颜色可令人放松，觉得愉快。

尽量不要选择绿色调，以避免从墙上反射的光线，会使使人照镜子时，觉得自己"面如菜色"而心情不愉快。

第二节 适宜的色彩兴旺家运

从家居色彩的选择上来说，应该以浅色系为主，因为浅色系的色彩

往往有一种明亮、淡雅的效果，这样会使家人心情舒畅、平和，有利于全家和睦发展。

一、永恒的白色

白色是一种能够提升空间亮度的色彩，对于光线不是十分充足的家居来说用白色装饰可以起到提升明亮程度的效果。同时白色是一种让人产生平和心态的颜色，大多数人都可考虑用白色为主基色来装饰家居。

二、温馨的淡黄色

淡黄色能够提升家居的温馨度，家庭人口众多的家居房屋适合选择淡黄色作为装饰色彩，同时淡黄色也有"富贵"的寓意，对于从事商业的人士来说更适合在家居中选用淡黄色装饰房屋，如从事生意、经商、外贸等职业的人士如果在家居中使用淡黄色则可以提升其财运。

三、神清气爽的淡蓝色

淡蓝色是可以让人感到神清气爽的色彩，同时淡蓝色也可以使人产生冷静、静心的作用，因此对于脾气略有急躁或感性为主的"性情中人"来说，用淡蓝色装饰可以缓和其急躁、冲动的情绪，从而有利于其全面发展。

同时蓝色往往寓意着自然，喜欢蓝天、大海等自然景观，或是喜好旅游者在家居中选用蓝色装饰也会提升他们的好运气，从而在生活工作上精神焕发、神采奕奕。

四、接近大自然的淡绿色

　　淡绿色是可以让人得到灵感与自然的色彩，因此十分有利于从事文职工作者在装饰家居时使用这个颜色，例如作家、画家、秘书等职业的朋友们选择绿色可以增强其灵感，才思泉涌，对事业也会有帮助作用。

　　同时绿色往往寓意着树林与自然，喜欢森林、树木等自然景观或是喜好亲近自然的旅游者在家居中选用绿色装饰也会提升他们的好运气，从而在生活、工作上更加富有活力。

五、浪漫的淡粉色

　　淡粉色往往寓意着浪漫和爱情，因此对于向往爱情的朋友们或是新婚燕尔的夫妻来说，在家居中选用淡粉色装饰房屋可以增强感情运势。

　　对于结婚长久的"老夫老妻"来说，不建议在家居中用淡粉色装饰，否则不利于夫妻感情的稳定。

第三节　家居色彩搭配宜忌

　　任何一种色彩既有正面作用也有负面影响，在实际运用中一定要注意它的多样性和复杂性，恰当运用才能收到预期效果。

　　在居室装修中，色彩的使用是相当有学问的。色彩的使用好坏将直接关系人的心理健康。把握一些最基本的配色原则，在装修装饰中就会使整个环境和谐温馨。

一、不宜长期用红色做主色调

对中国人来说吉祥的颜色是红色，从古至今，新婚的喜房装修都是以红色为主，除此以外红色还具有热情、充满激情、奋发向上的含义，充满着燃烧的力量。

但对于大多数的普通家庭来说，平常过日子讲究个休闲放松，如果居室内装饰的红色过多会给视觉神经造成负担，让人产生一种头晕目眩的感觉，即使是新婚的喜房，也不宜让房间一直处于红色的主调下，过了蜜月期，就应让色彩归于平淡。

二、不宜黑白两色等比例装修

房间的装修用黑白颜色会富有现代感，是现代一些时尚人士装修的首选颜色。

但如果在房间内把黑白色等比例使用就显得太过花哨了，长时间在这种环境里，会使人眼花缭乱、紧张、烦躁，让人无所适从。

如果非要用黑白色调来装修，最好以白色为主色调，其他地方可以黑色为点缀，这样可使整个空间变得明亮舒畅，同时兼具品位与趣味。

三、不宜用大面积蓝色装饰餐厅

　　传统的蓝色常常成为现代装饰设计中热带风情的体现，也能给人带来一丝夏日中的凉爽感觉。

　　但从食欲的角度来说，蓝色的餐桌或餐垫上的食物，总是不如暖色环境看着有食欲。

　　在装修时，最好不要在餐厅内装蓝色的情调灯。科学实验证明，蓝色灯光会让人对食物产生厌倦的感觉。但把蓝色用在卫浴间的装饰，却能使卫浴间增添神秘感与隐私感。

四、不宜采用大面积紫色

　　紫色，给人的感觉似乎是沉静的、脆弱纤细的，总给人无限浪漫的联想。

　　追求时尚的人最推崇紫色，但大面积的紫色装饰会使空间整体色调变深，从而产生压抑感。

在居室内或孩子的房间中最好不要用太多的紫色来装饰，那样会使得身在其中的人有一种无奈的感觉。

如果真的很喜欢紫色，并且非要用紫色来做主色调来装饰，可以在局部作为点缀来装饰。

五、最忌大面积黑色

黑色是相当沉寂的色彩，所以一般没有人会用黑色装饰卧室墙面。很多人将其用在卫浴间，但也要讲究搭配比例。

建议在大面积的黑色当中点缀适当的金色，会显得既沉稳又有奢华之感。

黑色与白色搭配更是永恒的经典，在局部使用这样对比的搭配方法，可以充满动感与时尚。

黑色与红色搭配时，气氛浓烈火热，一般应该在饰品上使用纯度较高的红色点缀，神秘而高贵。

六、书房不要有太多黄色

黄色，可爱而成熟，文雅而自然，使得这个色系正在趋向流行。

水果黄带着温柔的特性；牛油黄散发着原动力；金黄色带来温暖。黄色对健康者具有稳定情绪、增进食欲的作用。

　　但是长时间接触高纯度黄色，会让人有一种慵懒的感觉，所以，建议在客室与餐厅适量点缀一些就好，黄色最不适宜用在书房，它会减慢思考的速度。

七、橙色会影响睡眠质量

　　橙色是生气勃勃、充满活力的颜色，是收获的季节里特有的色彩。把它用在卧室则不容易使人安静下来，不利于睡眠。

　　将橙色用在客厅则会营造欢快的气氛。同时，橙色有诱发食欲的作用，所以也是装点餐厅的理想色彩。

八、忌用单一的金色装饰房间

　　金色熠熠生辉，显现了大胆和张扬的个性。

　　在简洁的白色衬映下，搭配的金色会使人看上去整个环境非常干净。但金色是最容易反射光线的颜色之一，金光闪闪的环境对人的视线伤害最大，容易使人神经高度紧张，不易放松。

　　建议避免大面积使用单一的金色装饰房间。

　　金色可以作为壁纸、软帘上的装饰色。

　　在卫浴间的墙面上，可以使用金色的马赛克搭配清冷的白色或不锈钢。

九、咖啡色不宜用于儿童房

儿童家具的色彩选择，要考虑到儿童心理的问题。

咖啡色不宜用于儿童房，暗沉的颜色会使孩子性格忧郁，性格内向。

咖啡色也不适宜搭配黑色来装饰房间。

第四节　地板配色搭配要点

地板颜色要衬托家居的颜色，并且地面装修属于长久装修，一般情况下，不会经常更换，因此，在选择时应考虑多方面的因素。其中，中性的颜色一直是主流颜色，但如果搭配得当，深色、浅色都可达到理想效果。

通常情况下，应注意以下几个方面。

一、根据采光情况搭配

居室的采光条件限制了地板颜色的选择范围。

采光良好的房间可选择的范围较大，深浅均可。

而楼层较低、采光不充分的房间则要注意选择亮度较高，颜色适宜的地面材料，尽可能避免使用颜色较暗的材料。

二、根据居室面积搭配

色彩会影响人的视觉效果，暖色调为扩张色，冷色调为收缩色。

面积小的房间地面要选择暖色调的扩张色，或简洁明快的地板，使人产生面积扩大的感觉。如果选用色彩浓重的冷色地板就会使空间显得更狭窄，增加了压抑感。另外，在花色的选择上，应倾向于小纹理或直纹效果，避免大而杂乱无章的花纹。

三、避免头重脚轻

　　有不少家庭喜欢使用白色地板，希望拥有宁静的家居气氛。

　　在此，建议使用灰白色系等较为轻快的颜色，更容易给人宁静的感觉，也不会造成墙壁颜色重地板颜色轻的"头重脚轻"。

　　其实，地板的颜色相对于顶棚或墙壁而言，色调宜深些，这样才能形成稳重感觉。

四、深色搭配要注意

　　深色调地板的感染力和表现力很强，个性特征鲜明，如带红色调的地板本身颜色就给人强烈的感觉，如果再将墙壁也用颜色浓的油漆涂刷，就会显得不谐调。但选择带有粉色调的象牙色，与红茶色地板就会形成统一感。

第五节　多种风格的家居色彩搭配

　　家居的色彩搭配如果恰当，能给我们带来喜欢的环境、情调，更能给我们带来好心情、好运气。

　　那么，怎么使用适当的颜色搭配来调节居室环境呢？

　　下面提供五种基本的家居色彩搭配方法，掌握了这些，就可以在此基础上，灵活变通地应用，让色彩来美化环境，从正面影响我们的心境，进而提升我们的运气。

一、活力欢快风格

　　缤纷对比的颜色搭配方法，可以体现出活力中透着几分个性，具时代感的装饰风格。

　　使用这一系列配色的人多半是喜欢体验自在的生活者。

二、清新自然风格

　　淡黄、浅绿、田园的花草，柔和粉嫩的协调色彩组合，如同清晨的第一道光线，穿过窗子洒入房间一般，清新干净而令人心旷神怡。

　　光线不足的小房间或走精致路线的小空间，都十分适合这类配色，让生活每天都像散步在森林里一般。

三、恬淡宁静风格

　　带灰色调的原野色彩，使得空间传递一种不可言喻的柔美、甜蜜感受，置身其中，你只能说，这样的家就是如此的平和而没有压力。

　　工作室、卧室，尤其

适合这样的色彩，具备舒缓情绪、镇定精神的效果。

四、安详温暖风格

　　想要制造温馨和煦的暖色调为主的空间，配色可选择粉桃、粉红色调及黄色等，搭配民族特色饰品或原木质感的家具配件，就能营造典雅温馨的空间感。

　　家中的餐厅、娱乐空间、客厅是家人欢聚的地方，特别值得一试。

五、心灵禅意风格

　　空间的协调以最基本的素色，如白色、米色、灰色和黑色，再加上简约的家具，简洁的线条，绿色的植物，就会营造出一种令人心灵回归自然的轻松、舒适感觉。

　　这种配色方案是繁忙都市生活中为自己减压的良方。

第十七章　家居灯光装饰

灯光，在现在家居中已经不仅仅是为了夜晚照明，生活的多姿多彩赋予了灯光更多的作用。

灯光对家居环境的美化、装饰作用越来越受到人们的重视。

对追求更好生活品位的人来说，灯光色彩的合理运用与搭配，对提升家居生活质量、营造各种不同风格的家居环境有着画龙点睛的作用。

第一节　家居灯光装饰的作用

室内灯光除了照明外，还有让房间感觉舒适，温馨，放松和安全的作用。

灯光的装饰可以根据家庭文化层次、主人爱好、职业等来确定风格。

灯光是营造空间气氛的魔术师,在家居装饰中起着非常重要的作用。

灯光在家居装饰当中可以起到不同的功效，下面大体讲一下，给要装修家居的朋友们参考。

一、划分区域

这种手法通常在区分不同的功能空间时使用。

比如在餐桌上方悬挂一个长臂吊灯，暖色的灯光罩在餐桌周围，那么就自然会在客厅中界定出就餐区。

在沙发、茶几上方投下灯光，则会勾勒出一个会客区。

　　灯光分区的好处是，既能进行功能分区，又能保持空间相对的整体性和通透性，既断又连，分合自然。

二、强调重点

　　用灯光来强调室内的装饰重点再适合不过了。
　　比如墙壁上挂几幅小装饰画，本来并不起眼，但如果每幅画上用小

射灯照射，这幅小画会立即成为整面墙甚至整个房间的视觉中心，把人的目光吸引过去。

　　这种强调重点的手段，简洁有效，并且可以通过灯光开关，在不同的时间变换不同的重点。

三、营造气氛

　　不同的灯光可以营造出不同的氛围。

　　即使是台灯，如果精心布置，它所产生的投影效果和情调也会有很多变化。

　　透明的纸质灯罩透出的光线射向四周，会显得柔和、飘逸，而那些不太透光的灯罩能将光线聚拢，产生不同的效果。

四、变换色彩

　　色彩是室内装饰的重要手段，而通过灯光的颜色来调节居室的色彩

简便易行，且光影结合，最具效果。

家居环境如果长期缺少色彩上的变化，会缺少新鲜感，生活琐然无味。

一般的装饰换个颜色很难，但灯光的变换却非常容易，换个不同颜色的灯泡就可以了。

五、丰富造型

灯光能加强线条的立体感，而流畅的灯具造型，也会给空间带来装饰效果。

比如三角形或矩形装饰的墙面，加上灯具射出的弧形光线，造型就丰富了。

同一个造型上，如果分别采用上射、下射和背投光源，并使用不同的色彩，仍会产生不同的效果，使居室仿佛增加了新造型。

第二节　三种照明方式的合理规划

现代居室中的照明已不再局限于过去的"一室一灯"。

如何把用于泛光照明的吊灯、吸顶灯以及用于局部照明和特殊照明的壁灯、台灯、落地灯等合理搭配起来，营造出宜人的光照空间，成为现代家居灯光设计的理念。

居室装饰的三种照明方式，即集中式光源、辅助式光源、普照式光源，缺一不可，而且应该交叉组合运用，其亮度比例大约为 5:3:1。

一、集中式光源

（聚光灯、射灯效果。）

（轨道灯。）

　　集中式光源的灯光为直射灯。

　　这种灯，以集中直射的光线照射在某一限定区域内，让人们能更清楚地看见正在进行的动作。

　　一般在工作、阅读、烹调、用餐时，更需要集中式的光源。

　　由于灯罩的形状和灯的位置决定了光束的大小，所以直射灯通常装有遮盖物或冷却风孔，且灯罩都是不透明的灯，如聚光灯、轨道灯、工作灯。

二、辅助式光源

（立灯摆放效果。）

　　辅助式光源的灯光属扩散性光线，它散播到室内各个角落的光线都是一样的。

　　一般来说，辅助式光源的灯和集中式光源的灯一起使用效果最好。

　　相对比来说，集中式光源的亮度很大，眼睛长时间处于这种环境下，容易感到疲劳，而辅助式光源的光线柔和，能真正令人身心放松。

立灯、书灯等就是辅助式光源，可以用来调和室内的光差，好让我们的双眼感到舒适。

三、普照式光源

天花板灯即是普照式光源，通常它为屋内的主灯，也称背景灯。

普照式光源能将室内的光源提升至一定的亮度，对整个房间提供相同的光线，所以不会产生明显的影子，光线照到和没有照到之处也没有严重的对比。

但是由于它必须和其他的光线一起运用，因此，它不应该很亮，与家中其他光源比较起来，它的亮度最低。

"5：3：1"，这是三种光源使用比例的黄金定律。

"5"是指光亮度最强的集中性光线，如投射灯；"3"是指给人柔和

感觉的辅助式光源；"1"则是指给整体房间提供最基本照明的普照式光源。

第三节　家居灯光装饰误区

居室照明关系到家人的健康，所以灯光必须令人的视觉神经感到舒适，也要能满足人们的心理要求。

色差、亮度，都会对人的情绪产生影响，光与影的组合是否和谐，明暗度的对比是否合理，这些都会对人的视觉与情绪产生影响，进而影响人的健康与运气。

所以，在灯光的选择与组合时，要避免杂乱，只有形成一种主打的风格，让自己感到舒适的风格，才是正确的灯光装饰。

在灯光装饰时，要注意避免一些错误的理念，因为这会对我们的健康造成不利。

一、灯具过少，光线昏暗

一些家庭为了节省开支，省几度电钱，在灯具方面不舍得投入，平均每个空间只安装一至两盏灯具，而且灯具的瓦数也相对较小，造成室内整体偏暗，使居住者很容易出现眼睛疲劳和产生忧郁的情绪。

二、灯饰太多，光线刺眼

家是私人空间，其使用功能要求晚上照明不应像商场、专卖店、餐饮店、发型屋等那样灯火辉煌、亮如白昼。

家更需要温和适中的光照度。但往往有一些人刻意追求明亮灿烂的装饰效果，大量使用吊灯、射灯、筒灯等灯具，结果太亮的光线对眼球

造成很大的刺激，如果家居装修还采用了大量反光材料的话，强烈的反射光对人体健康的危害就更大。

三、光源单一，冷光太多

家居色彩有冷暖之分，家居照明也有冷暖之分。

在家居中要营造温馨舒适的氛围，在照明方面应该遵循以暖色调为主、冷色调为辅的原则。

只要暖光源和冷光源配合得当，除了可以满足室内照明外，还可使家居中洋溢着和谐、安详、温暖甚至浪漫的气氛。

一些人偏爱冷色调，在家居中过多使用冷光源，形成严肃、冷峻的格调，这样会破坏家庭详和的气氛。

四、灯具运用不当，明暗对比太强

室内光线应尽量保持柔和、均匀、无炫目和阴影。

一些人为了在某些空间营造特殊效果，在室内使用配有不透明灯罩的灯具，导致室内明暗分明，当人的视线由明区转向暗区时，眼睛看清暗区的物体需要一段时间适应，这样反反复复极易引起视觉疲劳。

五、颜色太乱，刺激神经

一些年轻人为了营造浪漫温馨的气氛，在装修时使用一些彩灯，常见的有粉红、蓝色、紫色、黄色等，这些人没有考虑到各种色彩都会对情绪产生影响，家居不是舞台，在光线色彩方面不能太杂乱，否则会令人心情亢奋，长久居住不利家人健康。

第四节　各功能房间灯光装饰宜忌

灯光是居室设计中重要的一项，营造各种气氛是灯具的天赋特长。在家居中，室内各空间因使用功能不同对照度强弱也有不同要求。

我们可遵循"明厅暗室"的原则，客厅、书房、餐厅等空间的照度要比卧室、厨房等空间要强些，这样设计照明比较符合人的生活规律。

一、客厅、玄关灯光要层次分明

客厅是家居空间中使用频率最高的区域，也是最能体现家居气质和主人品位的中心地带。

客厅照明其装饰性往往大于功能性的要求。所以，尽可能挑选自己喜欢的灯具造型，让灯具的外观也成为空间中独特的装饰品。

豪华的水晶吊灯、简洁的吸顶灯，只要符合家居的装修风格，任何一种灯具都可以成为客厅最引人注目的焦点。

值得注意的是，客厅通常属于公共空间，这里需要相对柔和均匀的光线环境。所以，要记得将灯具的光源向上安装，并利用顶面对整个空间进行漫反射照明。

不同于直射照明，经过反射的光线总能触及到空间的每一个角落，不至于让空间有明显的黑暗死角。

同时，根据需要可以适当在角落布置一些筒灯，这样既能够弥补艺术灯具照度不足的尴尬，又能让光线更均匀，增加空间的视觉通透感。

再者，有时候，客厅的沙发可能会作读书之用，所以，沙发背面的落地灯是必不可少的。也可在墙壁适当位置安放造型别致的壁灯，让墙壁不至于太过单调。

玄关过道可安装小射灯、吊灯或吊顶后依据顶的样式安装荧光灯、

筒灯改善采光不好的效果。

二、卧室灯光不宜太明亮

几乎每个人都希望自己的卧室能够尽量温馨、雅致。

卧室的灯光应柔和，床头灯或吊顶嵌上几个小筒灯都可使卧室温馨、舒适。

除了改变墙面的色彩之外，利用照明给空间来一番改头换面也能有非常不错的效果。

我们可以利用漫反射的方式照明整个空间。在顶角或踢脚的位置设计一些灯槽，让灯光向顶面或地面照射，然后通过这些部位的反射光完成空间照明。同时，光照的强度不必很高，目的是让均匀且微弱的漫反射为卧室创造一种宁静、安逸、舒适的氛围。

当然，在床头柜或沙发等重要位置可以适当布置一点光源，用以满足临时局部照明的需要。

整体与局部相结合的照明方法通常会为空间带来一些戏剧性的愉悦感。

可以选择一些色温较低的灯具，相信温暖的光线色调定会让生活多一份温情。

不要在床的正上方安装吊灯，以免显得压抑局促。

三、书房灯光宜静雅

书房空间有明显的功能倾向，一般以雅致、宁静的气氛为佳。

于是，在这种功能至上的环境中，灯具的形式一定不能成为空间的主角，也就是说，书房照明布置的原则是以满足照明要求为准。

需要注意是不要在书房里装射灯，由于其光线的刺激、突兀，有可能会使一些人产生眩晕感，不利于看书与学习。

为了满足不同的使用需求，除了在顶部安装整体照明的吊灯之外，

还需要在空间的局部位置安装点光源。如书架的顶部层板、沙发的背后、书桌上分别布置筒灯、落地灯和台灯，这样既能照亮整个空间，又可以让点光源将空间的焦点集中落在需要照亮的地方。于是，一个没有任何外界干扰的读书空间就因灯光而形成了。

四、厨房适用散射灯

厨房宜采用冷色调白光灯。

吸顶灯或嵌入式灯具较适合。

需要特别照明的地方也可安装壁灯或轨道灯。

五、餐厅灯光宜明亮

餐厅的光照需要明亮，但要注意避免选择色温低的灯具，只有偏冷色调的灯光才会让原本并不宽敞的空间显得清爽、通透。

餐桌上方可以选择一些显色度高的灯具，同时注意灯罩要朝下布置在餐桌上方，让你的丰盛佳肴更加诱人。

如果家中的餐厅有吧台或可折叠的小餐桌，那么，可以在它们上方安装一盏方便自由伸缩的吊灯。这样既可以节省空间，又可以让空间的使用更加灵活。

六、卫浴间灯具要防水

卫浴间的空间一般不会很大，所以能够增加空间感的偏冷色调的灯具应该是最佳选择。

另外，不必吝啬使用射灯或筒灯，安装在洁具正上方的射灯能够最大限度地表现其光滑亮泽的表面质感，但要记得在这些灯具上安装相应的防雾罩，避免水蒸汽进入而损坏灯具。

可以适当考虑在镜前、座便器上方以及喷淋头上方装筒灯，这样的

照明方式能避免水蒸汽对视线的影响。通常情况下，卫浴间的灯具造型很容易被忽略，如果不加注意的话，你选择的灯具可能与整体装饰风格不符，或者为了追求灯具的功能性，其外观破坏了空间装饰的统一性。其实只要稍加用心，卫浴间的灯同样会成为画龙点睛的亮点。

第五节　水晶灯的环境作用

水晶灯饰除了其晶莹的折射面可以使室内的光被折射到不同的角度外，更重要的是它亮丽之余还有补充人体能量需求的作用。

因为天然水晶不仅凝聚亿万年天地之间的灵气，更是地壳内很多大自然元素（矿物质）沉淀的结晶。

每种水晶都代表着不同的五行能量，配合发热的灯光，把水晶所持有的能量不断向外界散发而对家居风水产生积极的影响。

一、白水晶、黄水晶灯

这两种水晶灯都有着凝聚吉气、祛除病气的功效，经常使用有利居家平安，财运畅通。

在屋内四个角落装置白水晶、黄水晶台灯或壁灯对居家形成保护气场，更有助于财运的畅通。

　　白水晶本身具有聚焦、集中、扩大记忆的功能。在电视机、电脑、微波炉附近装置白水晶灯，可以起到减低电器对人体和空间的辐射作用。

　　黄水晶象征着智慧与财富。在电视机、电脑、微波炉附近装置黄水晶灯能增旺财运。

二、紫水晶灯、粉水晶灯

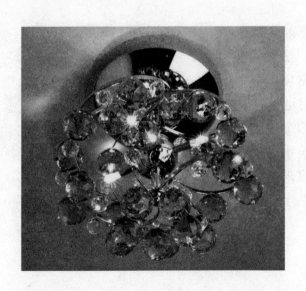

这两种水晶灯具有调合两种极端能量的作用。

可在居家窗台桌面上装置紫水晶灯、粉晶灯，能改善家居环境气场。

紫水晶本身具有开发智力、平稳情绪、提高直觉力、帮助思考、增加记忆能力的功效。因紫水晶的能量能给予人勇气与力量，在书房内装置紫水晶吊灯能增进事业上的人际关系。在学生的书桌或床头装置紫水晶台灯，有助开发智力、平稳情绪、提高记忆力，也可舒缓因写作或看书造成的眼睛疲劳。

粉晶代表纯洁的爱情，常作为情侣的定情石，在睡房内装置粉晶吊灯能增进夫妻之间的感情。

三、茶水晶灯

这种水晶灯具有收敛气场、聚财的作用。

在家中保险箱上装置茶水晶灯，能活化气场的再生功效，有助收敛漏财、产生聚财的作用。

第十八章　家居饰品布局

装饰有两种，一是对固定的格局再加以艺术化的设计，二是以形状、色彩、寓意吉祥的饰品增加环境气场的五行平衡与美感。

这两种方式目的都是让家居环境风水变得更好，让主人更舒适、家运更好。

在家居风水布局时，装饰设计，尤其是软隔断的装饰设计有改变空间风水格局的功效，这种功效对家居风水的改运来说非常重要。

还有一种就是家居饰品摆放，比如书画、吉祥物、植物、鱼缸等也是最多被风水师采用的改运物品。因为在不涉及房间格局变动的情况下，通过饰品或吉祥物五行力量的作用，就可以形成全新的气场，对家居风水起到较好的调整作用。这种方法简便易行，可以解决很多风水问题。

第一节　装饰中的艺术美

装饰是把生活的各种情形"物化"到房间之中，要想装饰出不同的韵味，就需要花很多心思。一幅油画或一只花瓶，都要恰到好处。

一、装饰与装修不同

装修是指施工，包括对走水、走线、墙体、地板、天花板、景观等的个体施工操作。

装饰是对生活用品或生活环境进行艺术加工，加强审美效果，提高

其功能、经济价值和社会效益，以环保为设计理念。

完美的装饰应与客体的功能紧密结合，适应制作工艺，发挥物质材料的性能，收到良好的艺术效果。

二、装饰更注重和谐美

悬挂油画或嵌框画一定要注意采光，角度和色调统一、和谐。

光线充足且面积较大的居室，如果家具以白、乳白、灰或淡青色为主，那么可以选择以红、白、黑为主色调的画。

家具颜色若以咖啡、黄褐色为主，可以选择色彩强烈、明快的油画加以衬托。

　　家具颜色若是中式风格则配以国画为装饰，若是欧式风格则配以油画作装饰。家具以乳黄、鹅黄或木本色为主调，最好选择深紫、古铜色为基调的古典油画，营造出室内明快高雅、富丽堂皇的和谐之美。

三、装饰讲究对称美

（三联油画。）

　　挂幅书画看似简单，却是一门艺术。

　　中国书画讲究均衡、匀称，即对称美。

　　墙面装饰的绘画、挂毯、浮雕，必须选择最适于观赏的墙面做陈列位置。

（客厅三联油画装饰效果。）

　　客厅适宜悬挂书画，横批适宜悬挂于沙发、写字台的中央部位或两件家具之间，使之达到均衡，从而体现对称美。

四、装饰要体现朴素美

　　室内装饰点缀的小陈设，要尽量避免单调、沉闷的色彩，以取得赏心悦目的视觉效果。
　　不同质地表现的审美趣味也大相径庭。

（花瓶、陶瓷的装饰效果。）

打磨光亮的大理石花瓶可产生柔细光洁的效果，磨砂器物则显得粗犷深厚，油漆过的木雕显得细腻华丽，而原木果盘自有一种厚实的朴素美。

第二节　角落空间的设计窍门

在家居空间中，不要忽略了看似微不足道的角落空间，只要稍微用心，你会发现，适当地选择角落家具，不仅让空间视野变得更丰富，也使得家的整体气氛大大加分。

一、单椅、立灯或小桌几的运用

　　在有较大的居家空间角落的卧室也好，休闲区也行，放置休闲椅、有设计感的立灯或小桌几，是很优雅的设计方法，可以使居室分外柔美。

　　休闲椅与立灯的造型种类极多，多数人喜欢选用主人椅，现已简化为休闲椅，因多数以包布制作，无论是复杂或简单的线条都颇具色彩的量感，而富设计感的立灯适合画龙点睛，能调节空间摆设及气氛，也能为室内带来一种闲雅的氛围。

　　记住挑选休闲椅时最好避免太高的椅背，也不要太正式的款式。尤其不要挡住窗口，影响了视觉景观。

　　如果空间许可，通常可以有两张休闲椅并列，中间放置圆茶几，特别注意放置的方向要与墙面略成一定角度，如30度或45度，此种做法可软化整体垂直及水平的生硬轴线。

二、角落空间的增值术

对于室内空间各种边角的处理，最好是规划为与其相邻的主空间的附属空间。

例如，客厅旁的零散空间可以规划简单的起居室或书房，卧室旁的零落空间则可改为更衣室，这样都能有效增加空间的生活功能。

另外，转角处的处理也可以透过选用转角家具来完成，可让原本不起眼又尴尬的位置变得活泼热闹起来。

三、高脚家具搭配常绿植物

一般住家或多或少都会有梁柱，尤其是与地面垂直的柱子不容易避免，常因此而影响空间的整体视觉。

如果房间的角落有突出的柱子或管道间，可以利用高脚家具如角柜盖住暴露出的管道，同时角柜上还可放置一些日用品或装饰物。

房间的窗户下或低矮的家具上，容易留下空白的墙面，过多的留白会让整体环境显得空洞单调。

可尝试放壁挂式的开放架或储物柜，甚至整幅的艺术品来充实空间，而角落除了放置小家具之外，也可以放一些装饰品，或是绿意盎然的植物，提升整个居室的舒适度。

第三节　玻璃装饰要注意的问题

随着家居潮流的不断翻新，追赶时尚的年轻人喜欢在家居装饰中加

入玻璃的元素，从入门的玻璃玄关，到客厅的玻璃地砖，再到主卧房的玻璃套厕，玻璃在家居装饰中扮演着越来越重要的角色。

可是大部分年轻人并不知道，玻璃饰品的应用也有一些禁忌，如果应用不好，会对居住者的家居环境造成很大的影响。

那么在采用玻璃饰品对家居进行装饰时要注意哪些问题呢？

一、不宜使用玻璃墙隔断卧室

一些家庭把卧室和客厅之间的间墙打掉，换上玻璃墙，认为这样有利于扩大空间感。

玻璃有一种玄光，不是任何地方都适合，在家居中就更要多加注意。

像客厅与卧室之间的玻璃隔墙，在家里来客人的情况下，在客厅里就会对卧室一览无余，曝露隐私，所以不宜。

二、玻璃隔断厕所不雅

　　一些年轻的小夫妻刚结婚，喜欢把主卧房里的洗手间改成玻璃套厕，认为这样可以增加情趣。

　　这样设计是不适宜的，因为厕所无论怎样都应该隐蔽起来，在风水中，这样的卫生间格局，最易引起出轨、外遇之类的感情纠纷，所以要用实墙，而不是用通透的玻璃墙。

三、玻璃地砖易滑倒

在一些豪华洋房或复式别墅的设计中，有些会采用玻璃地砖作为装饰，在厅或房中的地上铺设玻璃地砖，并在其中做出图案以作装饰。

因为玻璃通透，不能给人"脚踏实地"的感觉，所以会让人欠缺安全感。

厅或房中的地面必须要稳，所以玻璃地砖并不合适在家里使用。

四、玻璃墙饰不宜对床

玻璃墙饰一来可以拉大房子的空间感，二来富于变化，常常给人惊喜。

玻璃墙饰可以接受，但原则是不宜对床，因为玻璃墙的反光效果相当于镜子照床，会形成风水煞气。

此外，玻璃墙饰必须要靠实墙而置，不让空间虚实不明。

第四节　巧用软隔断增大空间

　　由于隔断能够对空间进行形象重塑，只要利用得好，再小的空间都会显得宽大而不杂乱，利用好这点，你会发现空间变换的趣味与奥秘。

　　利用好软隔断，可以起到让空间延伸的感觉，让空间变得宽敞起来。

　　有什么具体的好方法呢？下面我们来讲一下，供大家在布置家居时参考。

一、颜色对比隔断空间

（客厅与厨房的不同色彩形成了空间分界隔断的效果。）

对于小居室来说，合理地利用色调对比，既可区分功能区域又可在视觉上延伸空间。

比如客厅与厨房之间，客厅用明亮的色彩，而厨房用稍暗一些的色彩，两种色彩的对比就可以形成空间的区分，形成两个区域的色彩隔断。

而且，要想让小空间看起来不那么拥挤，尽量选用浅色主调，再通过明暗对比来实现，尤其是同色系、同材质的横条纹的造型或配饰，会使视觉空间得以最大限度的延伸。

二、灯光隔断

（客厅与餐厅的不同光源，形成了对两个功能空间的隔断。）

以灯光为隔断，是依靠照明器具，或者用不同的照明度、不同的光源，来分割空间的设计。

这种设计会形成不同光感的空间效果，极具美感。

三、纱帘、串珠隔断

（客厅、餐厅珠帘隔断效果。）

　　利用纱帘、串珠等进行隔断，具有容易悬挂、容易改变的特点，价格便宜，花色多样，而且还可以根据房间的整体风格随意搭配。

　　串珠在选择时，要注意选择不易为儿童扯断或误食的类型，以免发生意外。

　　如果将其悬挂在经常有人经过的地方，要根据实际情况调节帘子的长度，以方便行走进出。

四、家具隔断

（以装饰架隔断大门、玄关与客厅。）

　　家具隔断有很多好处，既能承担家具储藏、摆放、展示功能，又能起到隔断空间、区分功能区的作用。

（以镂空酒柜、摆物架隔断厨房与餐厅。）

（镂空装饰架隔断餐厅与客厅。）

比如装饰柜、书柜、沙发等，常被用在门厅、客厅、书房等功能区的隔断，其中以能够推拉移动的书柜或搁架最为实用。

在采用家具做隔断时，最重要的是解决好空间的通畅问题，应尽量节省占地面积，多向上部空间发展，以免造成空间堵塞。

但过分拥挤的房间不宜采用家具隔断的设计方式。

五、玻璃隔断

（厨房、餐厅玻璃隔断。）

玻璃隔断明亮、通透，有拓展空间的作用，面积较小的房间也适合。

选择玻璃隔断时，要充分考虑玻璃的质感，以及适合与什么样的装修风格搭配在一起。

从色泽和材质上来讲，玻璃属于冷光系，适合简洁明快的装饰风格，而与材质厚重的家具搭配在一起，则会显得突兀、不融洽。

要注意的是，玻璃易反光，在安装时，要充分考虑其位置会不会造成室内光源污染，产生不愉快的视觉感觉。

六、屏风隔断

（客厅、餐厅镂空木屏风隔断。）

屏风作为家居客厅里的一件优雅装饰品，在美化家居的同时也可用来改变风水格局，是中式风格家居装饰中较为流行的摆设。

屏风陈设于室内合适的位置，起美化协调、挡风聚气的作用。

好的屏风融实用性、欣赏性于一体，既有艺术价值又有装饰功能。

那么在设置屏风的时候应注意什么呢？

1. 屏风应以通透为主

以通透的磨砂玻璃和较厚重的木板为佳，如果为追求风格必须采用木板，也应该采用色调较为明亮而非花哨的木板。色调太深有笨拙之感，令本来并不宽敞的客厅有局促之嫌，容易使人有压抑感。

不要使用镂空式或纸糊的屏风，因其遮蔽能力较差，防煞气的能力自然也不佳。塑料和金属材质的屏风效果则比较差，尤其是金属的屏风，其本身的磁场就不稳定，而且也会干扰到人体的磁场，少用为妙。

2. 屏风的采光宜明不宜暗

大部分住宅的屏风，都没有自然光源，因此在采光方面必须多动脑筋。除了间隔宜采用较通透的磨砂玻璃之外，木地板、地砖或地毯的颜色都不可太深。因为颜色太深本身就有昏暗之感。客厅屏风大多没有室外的自然光，要用室内的灯光来补救，例如安装长明灯。

3. 屏风设置不宜过高

现代都市的住宅普遍面积比较狭窄，所以屏风的面积不宜设置得过大。否则住宅的其他空间会明显感觉局促，难以腾挪。

屏风的高度不可太高，最好不要超过一般人站立时的高度。否则，太高的屏风重心不稳，反而容易给人压抑感，无形中造成使用人的心理负担。

所以，折中的办法是用精小的屏风来做间隔，在空间上起到间隔的

作用，这样既可以防止外气从大门直冲入客厅，同时也可令狭窄的屏风不显得太逼人。

4. 屏风宜保持整洁清爽

若是在屏风周围堆放太多杂物，不但会令客厅屏风显得杂乱无章，也会对住宅的气场产生影响。客厅屏风处凌乱昏暗，整个居室都会显得挤迫压抑。

第五节　各功能房间的花卉装饰要点

鲜花与花瓶，是室内环境美化的画龙点睛之笔。

为自己的居所添置一瓶鲜花，就会给家里增添一份活力，让家人拥有一份美好的心情。

选一只典雅的花瓶，插一束美丽的鲜花，就能营造出一个舒适、休闲、生机盎然的环境。

一、客厅——缤纷花瓶热情扑面

花瓶本身就可以作为小摆设以点缀家居。所以，花瓶的选择很重要。

（墙角处摆放大叶观赏植物，茶几上摆放鲜花，整个客厅立刻就充满生机。）

　　玻璃花瓶、陶制花瓶、彩色花瓶，各有各的风格，而最重要的是花瓶的摆设要与居家的环境相吻合，才能起到画龙点睛的作用。

　　现代气息的玻璃花瓶很适宜放置于客厅当中的茶几上，当然也可以放在摆架或装饰柜上。

　　花瓶与其他装饰物品交相辉映，共同美化我们的生活。

　　在色彩上，玻璃花瓶已一改透明晶莹的传统观感。含有钽的红色、含有钴的蓝色、含有铝的绿色、含有锰的紫色，使玻璃花瓶的色彩有了大的突破。

　　另外，因色彩配方的不断调整，金黄色、紫红色、乳白色等也相继登场，五彩纷呈，形成了梦幻般的效果。

二、餐厅——鲜花美食精致情调

　　餐桌布置向来是家居环境布置的重点，铺上一块精致的餐桌垫，当金色的垫穗从餐桌两边荡下来的时候，已经大功告成一半了，接下来，

放什么餐具，使用哪些装饰品，就要看我们选择中餐还是西餐了。

但是，百搭的佐具永远是鲜花和花瓶，不要以为只有西餐才适合花艺，鲜花与中餐也可以搭配出亮丽的效果。

餐桌是大家用餐与交流的地方，所以花瓶的高度不宜太高，否则会影响到大家的视线。

花瓶宜摆放于餐桌的中央，这样大家可以一边就餐一边欣赏鲜花。

三、书房——清雅花卉倍添祥和

（书桌上的鲜花增添雅致。）

（电脑旁的鲜花让人心情放松。）

　　即便不插花，花瓶本身也能用来装点书房，不过就要根据房间和家具的形状、大小来选择。

　　如书房较狭窄，就不宜选体积过大的品种，以免产生拥挤压抑的感觉。

　　在布置时宜采用"点状装饰法"，即在适当的地方摆置精致小巧的花瓶，起到点缀、强化的装饰效果。

　　面积较宽阔的书房可选择体积较大的品种，如半人高的落地瓷花瓶、精心地配置一对彩绘玻璃花瓶，就能为书房平添一份清雅祥和的气氛。

　　书房是阅读的地方，应选择色泽淡雅的花瓶。鲜花的选择也遵循同样道理。

四、卧室——花景交融安抚心灵

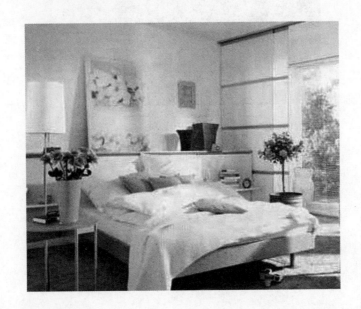

现代人往往把精神的享受与身体的享受看得同样重要。

卧室不仅仅提供给居住者舒适的睡眠，更是居住者思考和抚慰心灵的地方。因此，用花瓶布置卧室时，最应考虑色彩，既要协调，又要有对比。

应根据房间内墙壁、吊顶、地板以及家具和其他摆设物的色彩来选定卧室花瓶的款式与色彩。

如果房间色调偏冷，可考虑暖色调的花瓶，以加强房间内热烈而活泼的气氛。反之，则可布置冷色调的花瓶，给人以宁静安详的感觉。

五、厨房——蔬果插花别有情趣

　　现代化的整体厨房已经成为越来越多闺中密友相聚的场所。

　　为了营造亲近、不呆板的时尚气氛，现代厨房早已打破传统功能设计的限制，把一些与烹调无直接关系的漂亮物品引入厨房。盛开的鲜花、精致的花瓶，往往都是女主人品位的象征。

　　当然，厨房环境首先应考虑清洁卫生，植物植株也应以清洁、无病虫害、无异味的品种为主。

　　此外，厨房因易产生油烟，摆放的植物还应有较好的抗污染能力，如芦荟、万年青等。

　　在厨房的摆设中，选择蔬菜、水果材料作成插花，既与厨房环境相协调，又别具情趣。

六、卫浴间——幽香缭绕浪漫心情

　　进入家门，倘若卫浴间洁净、明亮，花香飘溢，自然会让家人心情愉悦，能得到充分的放松与休息，也能促使家人保持有益健康的、有规律的坐息时间，从而令家人身体健康，精神状态良好，事业顺利。

　　毋庸置疑，卫浴间需要符合多功能的要求，在装修过程中，应精心设计和打造。其中最要紧的，是在靠窗的位置设个花架，摆几盆鲜花或盆景，幽香四溢，情趣盎然让人赏心悦目。

因为大多数人家的卫生间采光都不太好，或者湿气太重，不利于花卉的生长，所以可以准备两份相同种类的花，一份放在卫生间，一份放在阳台，每隔一星期就互换一下，以保证花卉的顺利生长。

第六节　家居挂画装饰宜忌

现代人越来越重视饰品在居室中的作用，特别是挂画，它漂亮有个性，体现着主人的文化品位和艺术修养。

选画要考虑整体风格，也就是说无论色彩、图案还是形式（画框、装裱等）都必须与整体风格统一。

一、书画装饰要注意的要点

1. 确定画的基本风格

画的风格要根据装修和主体家具风格而定，同一环境中的画风最好一致，不要有大的冲突，否则就会让人感到杂乱和不适，比如将国画与现代抽象绘画同室而居，就会显得不伦不类。

2．确定画的主体颜色

由于画的主要作用是调节居室气氛，所以它需要与环境形成反差，从这个角度来说，它主要受房间的主体色调影响。

从房间色调来看，大致分为白色、暖色调和冷色调。

白色为主的房间选择装饰画没有太多的忌讳，但是暖色调和冷色调为主体的居室就需要选择相反色调的画了。如房间是暖色调的黄色，那么画最好选择蓝、绿等冷色系的，反之亦然。

3．确定画的图案样式

画的图案和样式代表了主人的私人视角，所以无论选什么并不重要，重要的是尽量和空间功能吻合。

客厅最好选择大气的画，图案最好是唯美风景、静物和人物。
餐厅或卧室可以选择个人喜好的抽象画。

4．确定画的尺寸大小

画的尺寸要根据房间特征和主体家具的大小来定。

如果墙面空间足够，又想突出艺术效果则最好选择大画幅的画，这样效果会很突出。

一般客厅墙面的画，画的高度在 50—80 厘米为宜，长度则要根据墙面或主体家具的长度而定，一般不宜小于主体家具的三分之二。

其他的房间，比如玄关、走廊、书房、卧房等，可以选择高度 30 厘米左右的小装饰画。

二、书画装饰宜忌

很多家庭都在墙壁上挂画，但并不是每一种挂画都适合挂于家中的。究竟哪些挂画会对家庭产生不利影响呢？

1．影响情绪的画

颜色太深或者黑色过多的图画不可挂。

因为这些画看上去令人有沉重之感，使人意志消沉、悲观。

画了日落西沉的画不要挂，因为此类画会削减人们的主动性和积极性。

2．影响健康的画

绘有凶猛野兽的图画不宜挂，如画中有老虎、狮子等动物，这类画不利家人健康。

3．影响运气的画

家中不宜挂超过两幅的人物抽象画，因此类画会令人处事追求虚荣，不切合实际。

不适宜挂增加命理五行忌神力量的画。比如，一个人的命理八字当中，水五行为忌神，那么就不宜在家中挂瀑布之类的图画，因为这些画会增加忌神水五行的力量，令主人长期运势衰弱。

第七节　家居养鱼旺运宜忌

在风水当中有一句话"山管人丁水管财"，这句话其实来自地理风水学，是风水形势格局的重要原则之一，意思是说，有靠山主人健康，人丁兴旺，有水路主人富有，财运亨通。

那么在家居当中，其实四周的墙壁以及高大的家具就是"山"，低平的地面或者过道就是"水"。

"水"有实水与虚水之分，走廊、过道就是虚水。

实水就是真实的水，比如水池、鱼缸之类。

　　居家养鱼旺运，有一条最重要的原则，就是如果我们的命理八字当中，水五行如果是忌神，就不宜养鱼。因为这会增加命理忌神的力量，令自己运气变差。所以，一名风水师，总要学一点命理，才能更好地为人做风水，才能解决一些风水中的疑难杂症。

一、家居养鱼常见品种

　　每个人都希望家宅平安，财源广进，又因为"和气生财"，因此，所饲养的鱼，最好是一些比较祥和的，例如，锦鲤、金鱼和七彩神仙鱼等。

　　这一类鱼，可以使家居充满平静的气息，同时又带有吉利兴旺的意味。

　　带有戾气煞气的鱼，如鲨鱼、食人鱼、斗鱼等，则不宜放在家中饲养。

　　若想用来化煞，可养黑摩利或其他黑色的鱼。

二、鲤鱼的吉祥含义

　　"鲤"与"利"谐音，养鲤鱼寓意生意赢利，富贵有余。

另外，中国还有"鲤鱼跳龙门"的传说，那些因时运不济、事业未成的人可在院子里养鲤鱼，喻意能像鲤鱼跳过龙门一样时来运转。

三、鱼缸多大才合适

有些人喜欢在家里摆设大型鱼缸，几乎达到整个房间二分之一宽。这样不但没有聚气作用，"人气"也会被鱼缸吸走，室内湿气也会加重。

根据放置鱼缸的房间大小，房间小则鱼缸可小一点，房间大则鱼缸就大一点。

建议鱼缸只要客厅面宽四分之一大小即可，市面上有许多种类"品味套缸"也是不错的选择。

四、鱼缸宜放置在客厅或书房

最好把鱼缸放在客厅或书房里，这些地方通常空气流通好，有利于水草、鱼类的生长。

鱼缸要安置稳固，尽量远离过道。

五、鱼缸不宜摆放太高

鱼缸不宜太高，一般距离地面一米就差不多了，太高会影响美观，而且会给居住者造成较大的心理压力。

鱼缸不宜摆在沙发背后，否则会令家人感觉无山可靠，影响宅运的安定。

六、鱼缸不宜摆放在卧室

现在很多人青睐用水族箱养鱼，不但技术先进，还能装饰室内环境。需要注意的是，最好不要在卧室内养鱼，因为水族箱的体积不同于

一般鱼缸，散发的水汽很多，会使室内的湿度增大，容易滋生霉菌，导致生物性污染，水族箱的气泵还会产生噪声，影响睡眠。

七、鱼缸宜远离厨房

鱼缸宜远离厨房，因为厨房有油烟颗粒等沉渣，不利于清理鱼缸，而且很多人家的鱼缸过大，过滤不及时味道也较重，会影响家中人饮食健康。

第八节　家居摆饰美化空间

在家居生活空间里，有许多小摆饰都能有效地舒缓心灵、愉悦心情，像摇曳着浪漫光环的烛台、熏香精油的缓缓芳香等，都是能有效放松紧绷心灵的妙方。

现代人的工作步调紧凑，工作的紧张节奏影响了整个社会的运作，人们变得焦虑不安，心境一直无法处在悠然的状态。不妨试着从家居生活中的小摆饰下手，让心静下来，整个人也就轻松了！

一、对称平衡合理摆放

要将一些家居饰品组合在一起，使它成为视觉焦点的一部分，对称平衡感很重要。

家中的家具，排列的顺序应该由高到低陈列，以避免视觉上出现不协调感，或是保持两个饰品的重心一致。例如，将两个样式相同的灯具并列、两个色泽花样相同的抱枕并排，这样不但显得和谐，还能给人祥和温馨的感受。

另外，摆放饰品时前小后大、层次分明能突出每个饰品的特色，在

视觉上就会感觉很舒服。

二、结合家居整体风格

先找出大致的风格与色调，依着这个统一基调来布置就不容易出错。

例如，简约的家居设计风格，配以形状简明的家居饰品就很适合整个空间的个性；如果是自然的乡村风格，配以天然的石头、花草来做装饰就给人以清新明快的感觉。

三、家居布艺转换风格

每一个季节都有其所属的不同颜色、图案的家居布艺，无论是色彩炫丽的印花布，还是华丽的丝绸、浪漫的蕾丝，只需要换不同风格的家居布艺，就可以变换出不同的家居风格，比换家具更经济、更容易完成。

家饰布艺的色系要统一，使搭配更加和谐，增强居室的整体感。

家居中硬的线条和冷色调，都可以用布艺来柔化。

四、活跃的小摆设

你可以在门后挂一副拳击手套，在特殊情况下它就能成为排解愤怒的好手段。

弹簧座的小动物，来回摆动的小钢球等，这些充满童趣的玩具摆设充满活泼与动感，可以为居室增添快乐的氛围。

五、轮换展示的小饰品

很多人在布置家居时，常常会想要将每一样饰品都展示出来。但是摆放太多就失去了特色。

可先将家里的饰品分类、相同属性的放在一起，不用急着全部表现

出来。

分类后，就可依季节或节庆来更换布置，改变不同的居家心情。

六、舒服的摇椅

爱发脾气的年轻人要想让自己在愤怒的时刻冷静下来，最简单的办法就是坐在摇椅上摆上几下，少说话，通过身体的简单运动把压力排解掉是一种十分有效的办法。

古典风格的摇椅或藤椅，大多宽大而舒适。当然，一些现代风格的摇椅也不错，但千万注意别过分注重外表，因为过于抽象的造型可能坐起来并不舒服。

选择时注意几点，一是椅面布艺的柔软程度，二是支撑件的结实程度，最后就是后背的弯曲度一定要符合人体功能学。

七、摇曳的漂亮光影

光线对人的影响很大，明亮的光线使人心情愉悦，浪漫的光圈则让人掉进了温柔的陷阱，可是，如果空间显得阴暗忧郁，长期下来对人体会造成无形的心理压力，让心境无法放松，甚至整个人感到无力烦躁。

唯美的光影通常都在太阳落幕之后上场。

开灯的刹那，飞舞的光影也自然地流泄在四面，轻柔地包围了灯具的四面，营造出一个浪漫的氛围。

在居家光线的选择上，光源投射到天花板上的间接照明，是最适合的选择，或是利用立灯、台灯的交叉摆放，让黄色、白色光源相互搭配，在视觉上比较协调，感觉舒适也不刺眼。

客厅主灯最好选择黄光，散发的暖黄光静静地流泄在客厅周遭，更显居家温馨，至于靠沙发或墙角处，可多添一盏桌灯或立灯，以柔和室内气氛，让狭窄的空间变大。

第九节　让家居充满温馨的配饰

　　美化家居的小配饰虽然看起来不起眼，但是，小配饰拥有自己独特的优势，那就是可以随时摆出来展示，也可以随时收起来，所以，小配饰具有随时改变家居氛围的作用。

　　不同的小饰品进行搭配，可以很巧妙地在细节之处转换家居的风格，让人总有眼前一亮的感觉。

　　比如一些家居布艺饰品，就可以随着季节的变化而进行适当的变换，会给家居环境带来变化的新意。春季时，挑选清新的花朵图案，春意盎然；夏季时，选择清爽的水果或花草图案；秋、冬季，则可换上毛绒绒的抱枕，温暖过冬。

　　我们都可以从哪些方面来寻找这种惊喜呢，下面简单地说一下，给大家来点启发。

一、蜡烛灯饰热起来

烛光不仅有中国味道，而且还有西方的浪漫气息。

买几个造型别致的回家点亮，一定很有情调，也会让寒冷的冬季变得温暖一些。

秋冬季节天气干燥，在使用蜡烛时，一定要注意安全，在欣赏其美丽时也要为安全多留个心眼儿。

二、给沙发配个暖靠垫

靠垫具有美化装饰的作用，或随意地搁在床沿，或披、盖、罩在沙发上，可在瞬间赋予居家不同的风情，变化整个空间的气氛。

在购买时要注意查看靠垫的内部，能打开的一定要打开查看，谨防不法商家以次充好，买到"黑心棉"而影响健康。

三、给沙发加条装饰毯

　　如果你对每天面对的客厅风格已经审美疲劳，那么，一件小的装饰毯就足以使其美丽温暖指数倍增。

　　由于装饰毯易落上灰尘，上面常存留大量的细菌，因此最好能买两件，可以轮换清洗、晾晒。

四、小抱枕使秋夜更温暖

在寒冷的冬夜，是否想过怎样可以睡得更暖和一点呢？

购买一两件与家庭装修风格一致的小抱枕，不但可以取暖，也可以起到装饰的作用。

抱枕和人体呼吸道接触紧密，除了在购买时仔细挑选外，买回家一定要洗完再用，并且要经常清洗和晾晒，保持干净卫生。

第十节　家居植物装饰要点

花草就像是大自然的漂亮点缀，为整个世界增添了色彩。

在自己心爱的居室里，养些郁郁葱葱的植物，不但赏心悦目，还能为居室营造一个"天然氧吧"。

同时植物具有减压的功效，家里有绿色植物时，会让人感觉平静，看到大自然美景的图片画面，也有类似减压效果。

一、玄关

玄关是开门后给人第一印象的重要场所，也是平时家人出入的必经之地，不宜把插花、盆栽、盆花、观叶植物等并陈，既阻塞通路，也容易碰伤植物。

若是玄关比较阔大，可在此配置一些观叶植物，叶部要向高处发展，使之不阻碍视线和出入。

摆放小巧玲珑的植物，会给人以一种明朗的感觉，可利用壁面和门背后的柜面，放置数盆观叶植物，或利用天花板悬挂吊兰、鸭跖草等。

二、客厅

客厅通常空间比较大，可以放一些比较大型的观赏类的绿色植物，

比如富贵竹、万年青、发财树等。

相对而言，客厅的空气流通性好，但还是要根据客厅面积的大小来选择植物。另一方面，客厅属于人来人往的热闹地方，接触污染物的机会比较多，因此在吸附灰尘和净化空气方面，可以养植金钱树、芦荟。这些植物不仅能对付从室外带回来的细菌、小虫子等，甚至可以吸纳连吸尘器都难以吸到的灰尘。

三、厨房

油烟重、温度高、湿度大的厨房需要养植些吸附性好又可以背光生长的植物。

吊兰和绿萝具有较强的净化空气、驱赶蚊虫的功效，是厨房内的不二选择，也可以将它们摆放在冰箱上。

四、卧室

卧室是睡眠的地方，一般来说通风状况都不会太好，所以绝不能摆放香气很重的花草，需氧量大的植物也不适合。

建议放置一些能吸收二氧化碳等废气的花草，如盆栽柑橘、虎皮兰、吊兰、斑马叶等。

绿萝这类叶大且喜水的植物也可以养在卧室内，使空气湿度保持在最佳状态。

另外，在安排卧室植物时，要特别注意家人的过敏病史，如果有对花粉过敏的，就千万不要放鲜花，尤其是百合、橘梗、水仙以及其他花粉外露的花，可以放一些观叶类植物，会比较安全。

五、阳台

阳台作为一个开放式的空间，空气非常流通，因此可以放一些比较

大型的盆栽植物。

　　建议在阳台里养植常春藤，一方面攀爬类植物是很好的空气清新剂，对苯、甲醛、三氯乙烯等有非常好的净化效果。另一方面，常春藤的耐寒力较强，比较凉爽的气候可以让它更好地生长。同时，由于常春藤可以爬墙、爬架子，在南方炎热地区有这样一片荫凉的阳台，是一件很惬意的事情。

六、卫浴间

　　卫浴间很难通风，又比较容易形成阴暗潮湿的环境，气味也比较重。所以应该放一些净化空气、制造氧气，又能在背阴处生长的绿植。

　　那种没有窗子，通风不好的卫生间，最好不要放香气很重的鲜花，否则会让气味更加混合难闻。

　　虎尾兰的叶子可以自己吸收空气中的水蒸汽，是卫浴间的理想选择。

　　竹子释放氧气的能力也很强，又能在缺少阳光的条件下生长，并具有净化氯气、氨气的功能，很适合摆放在卫生间里。

　　蕨类、椒草类植物喜欢潮湿，不妨摆放在浴缸旁边。